普通高等院校"十一五"规划教材

Flash 动画与多媒体课件制作
从入门到精通

欧训勇　闫晓燕　王春腾　邢洁清　编著

国防工业出版社

·北京·

内 容 简 介

本书的结构紧紧围绕课件制作,突出 Flash 课件制作的应用。将课件制作的理论和 Flash 动画制作结合起来,以课件制作的知识为指导,讲解 Flash 在多媒体课件制作中的应用,课件制作的理论知识和制作实例相结合构成本书的每一章节的内容。全书第 1 章 ~ 第 7 章介绍 Flash 制作数字化教学动画的基础内容,第 8 章介绍课件制作的理论知识,第 9 章介绍利用 Flash 制作课件的一般程序结构以及组织框架,第 10 章介绍 5 种类型课件的制作,并有详细的制作例子。

本书可作为高等院校相关本科多媒体课件制作课程的教材,也可供广大一线教师作为制作教学课件的参考用书。该书实例丰富,极易上手,相信对读者会有所帮助。

图书在版编目(CIP)数据

Flash 动画与多媒体课件制作从入门到精通/欧训勇等编著. —北京:国防工业出版社,2009.2

ISBN 978-7-118-06147-5

Ⅰ.F... Ⅱ.欧... Ⅲ.多媒体 – 计算机辅助教学 – 软件工具,Flash Ⅳ.G434

中国版本图书馆 CIP 数据核字(2009)第 005586 号

※

国防工业出版社 出版发行

(北京市海淀区紫竹院南路 23 号 邮政编码 100048)

新艺印刷厂印刷

新华书店经售

*

开本 787×1092 1/16 印张 15¼ 字数 371 千字

2009 年 2 月第 1 版第 1 次印刷 印数 1—4000 册 定价 29.00 元

(本书如有印装错误,我社负责调换)

国防书店: (010)68428422 发行邮购: (010)68414474
发行传真: (010)68411535 发行业务: (010)68472764

前　言

Flash Professional 8 是 Macromedia 公司新推出的矢量动画制作软件，它采用了网络流式媒体技术，突破了网络带宽的限制，能够在网络上快速地进行动画播放，并能够实现动画的交互操作。Flash 开发的多媒体作品在很多领域得到了应用，并且发挥着巨大的作用。它在网络上为网页的页面增添了不少生气。创作者们也在 Flash 中尽情地发挥着个性化的创作。

Flash 从诞生之日起就被引入到了教育领域，为教学开发了很多生动有趣的教学动画资料，辅助于课堂教学，取得了显著的效果。在我国创建数字化的教学资源中，Flash 这款工具拥有无数的使用者，它在教育领域拥有很多使用者。不仅它创作出来的动画画质好、效果吸引学生，而且它也是比较容易上手的一款多媒体制作工具。

本书从使用角度出发，以实例示范为主线，由浅入深，兼顾初学者和高级应用者的需求进行编写，完全是在教学实践创作中的经验体现。是为广大的教育工作者们创作数字化的教学资源而编写的一本和信息化时代相适应的教学资源制作书籍。

全书共分 11 章，主要内容如下：

第 1 章介绍 Flash Professional 8 的优点与新增功能，Flash 动画制作的基本概念，各类面板，以及一些简单的操作要领。

第 2 章介绍用 Flash Professional 8 进行图形绘制的基本知识和图形工具的使用方法。

第 3 章介绍 Flash Professional 8 中的文本工具和使用的字体。

第 4 章介绍 Flash Professional 8 中的动画技巧，有逐帧动画技术、形状补间技术、动作补间技术、路径引导补间技术、遮罩技术 5 种基本的动画创作技术。

第 5 章介绍 Flash 的元件制作和库管理元件的知识。

第 6 章介绍 Flash 的 Actionscript 2.0 版本的脚本语言语法知识。

第 7 章介绍 Flash 中控制视频和使用声音的方法技术。

第 8 章介绍多媒体课件制作的基本知识、课件类型、课件开发流程。

第 9 章介绍 Flash 多媒体课件开发的基本组织结构和模块设计。

第 10 章介绍 5 种多媒体课件类型的制作实例。

第 11 章介绍 Flash 发布多媒体作品的操作方法和发布格式。

本书由琼州学院、中北大学、琼台高等师范专科学校 3 所高校的教师们结合多年的教学实践和创作经验汇集而成。

本书编著的作者及章节分工：欧训勇（琼州学院）完成第 4 章、第 8 章、第 9 章及第 10 章第 1 节；闫晓燕（中北大学）完成第 1 章、第 2 章、第 5 章及第 10 章第 2 节；王春腾（琼州学院）完成

第 3 章、第 6 章及第 10 章第 3 节、邢洁清(琼台高等师范专科学校)完成第 7 章、第 11 章及第 10 章第 4 节、第 5 节。全书由欧训勇校审。

本书在编写的过程中得到了 3 所高校专家教授们的大力帮助并提出众多修改建议,在此表示衷心的感谢。

由于编者水平有限,书中难免有不足之处,望读者批评指正。

编　者

2008 年 11 月

目　录

第 1 章　Flash Professional 8 基础知识

本章主要内容：

※Flash Professional 8 概述
※Flash Professional 8 动画设计基本概念
※Flash Professional 8 开发环境介绍

　　Flash 是美国 Macromedia 公司设计的用于开发矢量图形和动画创作的专业软件，是一个软件组和相关插件的组合，主要应用于设计、制作、播放在互联网和其他多媒体程序中使用的矢量图和动画素材。它在多媒体领域里闪烁着璀璨的光芒。不仅互联网络、娱乐等有它的身影，教育领域辅助课堂教学的各种动画效果的演示课件，也有由它制作出来的作品，并且应用价值极高。Flash 绝不仅仅是一个简单的工具软件，其作品具有集成性和交互性的显著特点，是其他动画设计工具所开发的作品无法比拟的。通常，一个 Flash 动画就是一个完整的多媒体作品。

1.1　Flash Professional 8 概述

　　Flash 是美国 Macromedia 公司于 1999 年 6 月推出的优秀网页动画设计软件。它是一种交互式动画设计工具，用它可以将音乐、声效、动画以及富有新意的界面融合在一起，以制作出高品质的网页动态效果。经过了近 10 年的不断升级和改进，Flash 动画设计软件已经发展到 9.0 版。8.0 版本和 9.0 版本在界面上并没有什么不同，只是 9.0 版本中可以在时间轴线中使用 ActionScript 3.0 的代码。

1.1.1　Flash 的特点

　　(1) 使用矢量图形和流式播放技术。与位图图形不同的是，矢量图形可以任意缩放尺寸而不影响图形的质量；流式播放技术使得动画可以边播放边下载，从而缓解了网页浏览者焦急等待的情绪。

　　(2) 通过使用关键帧和图符使得所生成的动画(.swf)文件非常小，几 K 字节的动画文件已经可以实现许多令人心动的动画效果，用在网页设计上不仅可以使网页更加生动，而且小巧玲珑、下载迅速，使得动画可以在打开网页很短的时间里就得以播放。

　　(3) 把音乐、动画、声效、交互方式融合在一起，越来越多的人已经把 Flash 作为网页动画设计的首选工具，并且创作出了许多令人叹为观止的动画(电影)效果。而且在 Flash4.0 的版本中已经可以支持 MP3 的音乐格式，这使得加入音乐的动画文件也能保持小巧的"身材"。

　　(4) 强大的动画编辑功能使得设计者可以随心所欲地设计出高品质的动画, 通过 ACTION

和 FS COMMAND 可以实现交互性，使 Flash 具有更大的设计自由度。另外，它与当今最流行的网页设计工具 Dreamweaver 配合默契，可以直接嵌入网页的任意位置，非常方便。

(5) 动画易于跨平台播放。不论使用何种平台或操作系统，只要将制作好的 Flash 作品上传到网站上，任何访问者都能看到相同的内容，甚至连字体都不会因为平台的不同而有所变化。

(6) 交互性极强。Flash 具有超强的交互功能，用户可以轻而易举地在动画中加上交互效果，配合动作脚本 Actionscript 语言，增强作品的交互性，如开发的多媒体课件或交互游戏。

1.1.2 Flash Professional 8 新增功能

Macromedia 公司为了适应专业设计者和开发者的需要，提供了 Flash 8 的两种版本：Flash Basic 8 和 Flash Professional 8。而 Flash Professional 8 是 Web 设计、交互式多媒体开发的理想工具，这个版本注重创建、导入和处理多种类型的媒体（音频、视频、位图、矢量图、文本和数据）。Flash Professional 8 包含了 Flash Basic 8 中的所有功能，同时还包含多个功能强大的新工具。它提供了对 Web 团队或多媒体课件制作团队成员之间的工作流程进行优化的项目管理工具。外部脚本撰写和处理数据库中的动态数据的能力及其他功能，使得 Flash 特别适用于大规模的复杂项目开发。

Flash Professional 8 中新增加的功能有以下 17 个方面。

(1) 渐变增强。新的控件能够使舞台上的对象应用复杂的渐变，可添加渐变的颜色最多达 16 种，并能精确地控制渐变焦点的位置，对渐变应用其他参数。Macromedia 还简化了应用渐变的工作流程。

(2) 对象绘制模型。在 Flash 的以前版本中，位于舞台上同一个图层中的所有形状可能会影响其他重叠形状的轮廓。现在，可以使用新增的"对象绘制"模型创建形状，该形状不会使位于新形状下方的其他形状发生更改，也可以在舞台上直接创建形状，而不会与舞台上的其他形状互相干扰。

(3) Flash Type。现在，舞台上的文本对象在 Flash 创作工具和 Flash Player 中具有更为一致的外观。

(4) 脚本助手。使用"动作"面板中新增的助手模式功能，使用户能在不太了解 ActionScript 的情况下也能创建脚本。

(5) 扩展的舞台工作区。可以使用舞台周围的区域存储图形和其他对象，而在播放 SWF 格式文件时不在舞台上显示它们。Macromedia 现在扩展了这块称为"工作区"的区域，使用户能够存储更多的项目。Flash 经常使用工作区存储打算以后在舞台上做成动画的图形，或者存储在回放期间没有图形表示形式的对象。

(6) Macintosh 文档选项卡。该功能可以在同一个 Flash 应用程序窗口中打开多个 Flash 文件，并使用位于窗口顶部的文档选项卡在他们中间进行选择。

(7) 改进的"首选参数"对话框。Macromedia 精简了"首选参数"对话框的设计，对其进行了重新布置，使其更简明、好用。

(8) 单一库面板。该功能可以使用一个"库"面板同时查看多个 Flash 文件的库项目。

(9) 改进的发布界面。简化后的"发布设置"对话框，使得对 SWF 文件发布的控制更加轻松。

(10) 对象层级撤销模式。可以逐个跟踪在 Flash 中对各个对象所做的更改。使用此模式时，舞台上和库中的每个对象都具有自己的撤销列表。用户能够撤销对某个对象所做的更改，而不必撤销对任何其他对象的更改。

(11) 自定义缓动控制。补间是指在一段时间内将某项更改应用于图形对象。例如，有一个对象——一个球，它在舞台上，从一端滚向另一端，这个滚动的过程，在 Flash 中只要设置起始位置和终止位置就可以了，其中过程将由 Flash 自动生成补充，这看上去就是从一个位置滚向另一个位置了。缓动补间是控制将更改应用于对象的速率。使用 Flash 中新增的缓动控制，可以精确地控制在时间轴线中应用的补间如何影响被补间的对象在舞台上的外观，使用这种新的控制可以让对象在一个补间内在舞台上前后移动，或者创建其他的复杂补间效果。

(12) 图形效果滤镜。可以对舞台上的对象应用图形滤镜。使用这些滤镜可以使对象发光、添加投影以及应用许多其他效果和效果组合。

(13) 混合模式。使用混合模式更改舞台上一个对象的图像与位于下方的各个对象的图像的组合方式可以获得多种复合效果。

(14) 位图平滑。在 Flash Preffesional 8 中，当位图图像显著放大或缩小时，它在舞台上的外观有了很大改善。这些位图在 Flash 创作工具中和 Flash Player 中外观是一致的。

(15) 改进的文本消除锯齿功能。可以应用新的消除锯齿设置，使正常大小和较小的文本在屏幕上更清晰。

(16) 新的视频编码器。Flash Professional 8 附带了一个新的视频编码器应用程序，该视频编码器是一个独立的应用程序，可以方便地将视频文件转换为 Flash 视频（FLV）格式，还可以用来执行视频文件的批处理。

(17) 视频 Alpha 通道支持。Flash Preffesional 8 可以为视频对象使用 Alph 通道，从而创建透明的效果。

1.2 Flash Professional 8 动画设计基本概念

1.2.1 位图与矢量图

现在的计算机显示图形通常以矢量图或位图的形式显示，了解这两种类型结构的图形有助于更有效地利用 Flash 开发多媒体作品。使用 Flash 可以创建压缩矢量图，并将它们制作为动画。Flash 也可以导入和处理在其他应用程序中创建的矢量图和位图。

1. 位图

亦称为点阵图像或绘制图像，是由称作像素（图片元素）的单个点组成的。这些点可以进行不同的排列和染色以构成图样。当放大位图时，可以看见赖以构成整个图像的无数单个方块。扩大位图尺寸的效果是增多单个像素，从而使线条和形状显得参差不齐。然而，如果从稍远的位置观看它，位图图像的颜色和形状又显得是连续的。在体检时，工作人员会给你一个本子，在这个本子上有一些图像，而图像都是由一个个的点组成的，这和位图图像其实是差不多的。由于每一个像素都是单独染色的，您可以通过以每次一个像素的频率操作选择区域而产生近似相片的逼真效果，诸如加深阴影和加重颜色。缩小位图尺寸也会使原图变形，因为此举是通过减少像素来使整个图像变小的。同样，由于位图图像是以排列的像素集合体形式创建的，所以不能单独操作（如移动）局部位图。

处理位图文件必须先了解的两个概念——分辨率和色彩深度。

1) 分辨率

分辨率是指每个给定单元中的信息数量，它是决定位图图像质量的关键因素。分辨率越高，表示图像质量越好，图像也就越细腻。通常，屏幕显示的分辨率的单位是 ppi（pixel per inch 每英寸像素数）；而分辨率的单位是 dpi（dot per inch 每英寸点数）通常用于打印机等输出设备。打印机的打印尺寸与图像分辨率有很大的关系，只要图像分辨率改变了，打印尺寸便随之发生改变，但打印尺寸无法客观地描述图像的大小。打印尺寸、图像大小与分辨率三者的关系可用一个计算公式表示：图像分辨率×打印尺寸=图像大小。针对特定的图像而言，图像的大小是固定的，分辨率与打印尺寸成反比关系。

2) 色彩深度

色彩深度是指图像中每个像素存储的信息数量，它是影响图像大小和质量的另一个关键因素。色彩深度为 1 的像素有两个可能的值：黑色和白色。而色彩深度为 8 的像素有 256（2^8）个可能的值。色彩深度为 24 的像素有 2^{24} 或大约 1600 万个可能的值。常用的色彩深度值范围为 1~64。

色彩深度与位图文件大小的关系为：宽度×高度×（色彩深度÷8）=文件大小（图像宽高的单位是像素，文件大小的单位是字节）。

2. 矢量图

矢量图是用直线和曲线来描述图形，这些图形的元素是一些点、线、矩形、多边形、圆和弧线等，它们都是通过数学公式计算获得的。例如，一幅画的矢量图形实际上是由线段形成外框轮廓，由外框的颜色以及外框所封闭的颜色决定花显示出的颜色。由于矢量图形可通过公式计算获得，所以矢量图形文件体积一般较小。矢量图形最大的优点是无论放大、缩小或旋转等都不会失真。Adobe 公司的 Freehand、Illustrator，Corel 公司的 CorelDRAW 是众多矢量图形设计软件中的佼佼者。Flash 制作的动画也是矢量图形动画。

矢量图像，也称为面向对象的图像或绘图图像，在数学上定义为一系列由线连接的点。矢量文件中的图形元素称为对象。每个对象都是一个自成一体的实体，它具有颜色、形状、轮廓、大小和屏幕位置等属性。既然每个对象都是一个自成一体的实体，就可以在维持它原有清晰度和弯曲度的同时，多次移动和改变它的属性，而不会影响图例中的其他对象。这些特征使基于矢量的程序特别适用于图例和三维建模，因为它们通常要求能创建和操作单个对象。基于矢量的绘图同分辨率无关。这意味着它们可以按最高分辨率显示到输出设备上。

矢量图与位图最大的区别是，它不受分辨率的影响。因此在印刷时，可以任意放大或缩小图形而不会影响出图的清晰度。

1.2.2　帧的概念及操作

我们都知道，电影是由一格一格的胶片按照先后顺序播放出来的，由于人眼有视觉停留现象，这一格一格的胶片按照一定速度播放出来，我们看起来就"动"了。动画制作采用的也是这一原理，而这一格一格的胶片，就是 Flash 中的"帧"。

在 Flash 中，帧的概念贯穿了动画制作的始终，可以说，不懂帧的概念与用法，基本上就可以说不会使用 Flash，因此，有必要用专门的篇幅对帧的概念与用法进行阐述。

1. 帧的概念

随着时间的推进，动画会按照时间轴的横轴方向播放，而时间轴正是对帧进行操作的场所。在时间轴上，每一个小方格就是一个帧，在默认状态下，每隔 5 帧进行数字标示，如时间轴上 1、5、10、15 等数字的标示，如图 1-1 所示。

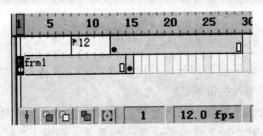

图 1-1　时间轴的帧

帧在时间轴上的排列顺序决定了一个动画的播放顺序，至于每帧有什么具体内容，则需在相应的帧的工作区域内进行制作。如在第一帧绘了一幅图，那么这幅图只能作为第一帧的内容，第二帧还是空的。一个动画，除了帧的排列顺序，即先放什么，后放什么以外，动画播放的内容即帧的内容，也是至关重要、缺一不可的。

注意：帧的播放顺序，不一定会严格按照时间轴的横轴方向进行播放，如自动播放到哪一帧就停止下来接受用户的输入或回到起点重新播放，直到某件事情被激活后才能继续播放下去，等等，这涉及到 Flash 的 Action，对于这种互动式 Flash，本书将在 Flash 高级应用中讲解。

电影是由一格一格的胶片组成，那么，动画是不是也需要将每帧的内容制作出来才行呢？答案是否定的，只要定义出动画的起止关键帧，Flash 就会根据设置，自动模拟中间的变化过程，如缩放、旋转、变形等。

举一个例子，一个跨步的动作，包含脚掌离地、提起膝盖、提起大腿、跨出去、放下大腿、放下膝盖、脚掌着地等诸多步骤。在 Flash 制作中，不必将所有这些动作制作出来，只需制定提起膝盖与放下膝盖这两个关键帧，并由 Flash 进行动态诠释就行了。

1) 关键帧

上面这个例子中，提起膝盖与放下膝盖两个动作所在的帧就是关键帧。关键帧有别于其他帧，它是一段动画起止的原型，其间所有的动画都是基于这个起止原型进行变化的。关键帧定义了一个过程的起始和终结，又可以是另外一个过程的开始。还是上面这个例子：脚掌离地是起始的关键帧，提起膝盖是脚掌离地过程的结束关键帧；同时，作为下一个动作的延续，提起膝盖又可以是提起大腿这个过程的开始关键帧，而提起大腿则成了该过程的结束关键帧；以此类推。

2) 过渡帧

两个关键帧之间的部分就是过渡帧，它们是起始关键帧动作向结束关键帧动作变化的过渡部分。在进行动画制作过程中，不必理会过渡帧的问题，只要定义好关键帧以及相应的动作就行了。过渡帧用灰色表示。

注意：既然是过渡部分，那么这部分的延续时间越长，整个动作变化越流畅，动作前后的联系越自然。但是，中间的过渡部分越长，整个文件的体积就会越大，这点一定要注意。

3) 空白关键帧

在一个关键帧里，什么对象也没有，这种关键帧，就称其为空白关键帧。

注意：关键帧、过渡帧的用途还好理解，那么空白关键帧中既然什么都没有，还有什么用途呢？它的用途很大，特别是那些要进行动作(Action)调用的场合，常常是需要空白关键帧的支持。

2. 帧的基本操作

1) 定义关键帧

将鼠标移到时间轴上表示帧的部分，并用左键单击要定义为关键帧的方格，然后单击鼠标右键，在弹出菜单中选插入关键帧。

注意：这时的关键帧，没有添加任何对象，因此是空的，只有将组件或其他对象添加进去后才能起作用。添加了对象的关键帧会出现一个黑点，如图1-2所示。

关键帧具有延续功能，只要定义好了开始关键帧并加入了对象，那么在定义结束关键帧时就不需再添加该对象了，因为起始关键帧中的对象也延续到结束关键帧。而这正是关键帧动态制作的基础。

2) 清除关键帧

选中欲清除的关键帧，单击鼠标右键并在弹出菜单中选择"清除关键帧"。

3) 插入帧

选中欲插入帧的地方，单击鼠标右键并在弹出菜单中选择"插入帧"。

注意：新添加的帧将出现在被选定的帧后。如果前面的帧有内容，那么新增的帧跟前面的帧相同；如果选定的帧是空白帧，那么将在这个帧前面最接近的有内容的帧之间插入和前面帧一样的过渡帧。如图1-3所示是添加帧前的帧图。

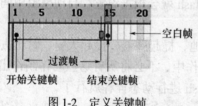

图1-2　定义关键帧

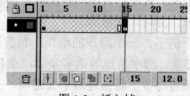

图1-3　插入帧

图1-3中，灰色部分表示有内容，现在要在白色的空帧处(第20帧)插入一个空帧，结果如图1-4所示。

4) 清除帧

选中欲清除的某个帧或者某几个帧(按住Shift键可以选择一串连续的帧)，然后按Del键。

5) 复制帧

选中要进行复制的某个帧或某几个帧，执行右键菜单，选择"复制帧"，然后选定拷贝放置的位置，执行"粘贴帧"。

3. 帧的属性

帧的属性主要在"属性"面板中设置，以后介绍动画制作时，会经常操作这些内容。在"属性"面板中可以设置补间动画、声音、效果等。

此处要提一下的是帧的标签(Label)，即帧的名称。当为某个帧输入标签后，会在时间轴的该处添加一面小旗子，并以名字进行标示，如图1-5所示。

注意：对帧进行命名，主要是在引用时与其他帧区别开来。

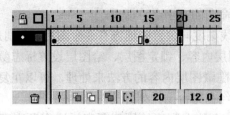 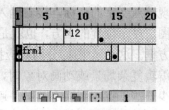

图 1-4　插入空白关键帧　　　　　　　　　图 1-5　给帧设置标签

1.2.3　普通图层和特殊图层

说到图层，应该不是陌生的名词，学过 Photoshop 的人都应该知道图层，形象地说，图层可以看成是叠放在一起的透明的胶片，如果层上没有任何东西的话，就可以透过它直接看到下一层。Flash 中的图层分为普通图层和特殊图层，普通图层是舞台上对象的活动空间，而特殊图层是辅助于设计动画使用的，指的是引导层和遮罩层。

1. 普通图层

1) 图层的知识

在 Flash 中普通图层(以下简称图层)也是制作动画的一个非常重要的概念。在 Flash 中制作复杂动画，都要经常和图层打交道。图层是 Flash 使对象产生动画的一个空间维度。在 Flash 的舞台上，任何一个运动的对象都要拥有独立的空间和时间，而普通图层反映的就是空间维度，时间轴线就是时间维度，二者就构成了运动对象在舞台上进行动作不可或缺的两样重要的东西。Flash 制作动画就是靠在时间轴线窗口中，通过图层和时间轴线的编辑来完成各种复杂动画制作的。图层和时间轴线是紧密相连的，如图 1-6 所示。

![时间轴图层管理器界面]

图 1-6　图层管理器

图上所显示的左边部分为图层，右边部分为图层所对应的时间轴线。舞台上有许多个独立运动的对象，那么就要为这些对象分配独立的图层，一个运动的对象至少拥有一个图层。操作这个图层对应的时间轴线，就可以设计对象在时间上的变化形状或运动位置。时间赋予了对象的生命周期，时间轴线上的有效帧就决定了对象在舞台上何时出场何时退场。

2) 图层的操作

图层的操作主要有添加新图层、删除图层、给图层命名、改变图层的位置、隐藏图层、锁定图层等。在图 1-6 中左下角带有一个加号和纸张的图标为添加新图层的按钮，点击该图标就可以在图层显示位置中添加新的图层了。增加新图层时最好养成给图层命名的习惯，在一个复杂的动画制作中可能会包含很多个图层，而给图层命名，就能让我们了解在动画场景中每个图层的角色和作用。给图层命名的操作很简单，直接用鼠标双击该图层的文字位置，

7

就会出现输入文字的光标，接着输入要给图层命名的文字名称即可。

在图层显示位置的上方，也就是和时间轴线刻度同位置的地方有 3 个图标，分别是眼睛、锁、小方框。这 3 个图标分别对应执行隐藏图层内容、锁定图层、给图层设置标志颜色的操作。在编辑复杂场景或动画对象时，可以利用隐藏图层内容的方法来处理，可以在复杂的设计中减少一些干扰。而锁定图层是避免移动已经在舞台上排列好的对象。

在整个图层显示窗口中显示的图层都有一个从上到下的排列顺序，这个顺序表示整个Flash 的舞台中构造的对象有一个垂直于屏幕的排列顺序。处在上面的图层中的对象，就排在舞台的前面，而下面的图层中的对象就会被前面的对象所遮住，当然要等到这两个对象有重合的时候才看得出来。Flash 是制作二维动画的软件，所以第 3 个维度，即垂直于屏幕的维度是为零的。所以要体现舞台上对象的前后位置关系，就是通过在图层显示窗口中排列的图层来体现的。在图层显示窗口中改变图层的排列顺序位置，可以直接利用鼠标拖动对应的图层即可，例如，要将中间位置的某个图层挪到最上面，就用鼠标拖动这个图层放到最上面的位置，放开鼠标后就会看到这个图层的位置已经改变了。

图层删除操作也很简单，选中某个要删除的图层，单击鼠标右键，在弹出的菜单中点击"删除图层子菜单"就可以将该图层删除了。也可以利用图层显示窗口右下角的图标按钮（垃圾桶）删除。

2. 特殊图层

1）引导层

引导层的作用是辅助其他图层对象的运动或定位，如可以为一个球指定其运动轨迹。另外也可以在这个图层上创建网格或对象，以帮助对齐其他对象。被导向图层在上一层为导向层或被导向层时才有效。当该项被选择时，所代表的层与导向图层将产生某种关联。

2）遮罩层

遮罩层的作用是遮照层中的对象被看作是透明的，其下被遮罩的对象在遮罩层对象的轮廓范围内可以正常显示。遮罩也是 Flash 中常用的一种技术，用它可以产生一些特殊的效果，如探照灯效果。当定义一层为遮罩层时，其下的一层会自动定义为被遮罩层，当然也可以通过属性进行修改。

Flash 中提供的这两个特殊图层，为动画效果增添了几分神秘色彩，利用它们可以设计一些独特的动画效果。关于特殊图层的使用后续章节有专门的应用讲解。

1.2.4 元件和库

1. 概念知识

元件(符号)是 Flash 的重要功能也是最基本的元素，全部放在库中，通过库面板可以对元件进行管理和编辑。元件可以被重复利用，被调动的元件就形成一个元件实例。可以赋予元件实例不同的属性，却不改变元件本身。元件可以是一张图片也可以是一段影片或一个按钮，通过元件可以制作更复杂的动画。

元件只需创建一次，就可以在整个文档或其他文档中重复使用，创建的任何元件都会自动成为当前文档库中的一部分，如图 1-7 所示为库面板，当把元件从库面板中拖到当前舞台上时，即形成了一个实例。另外不管该元件被使用几次，他所占的空间也只有一个符号的大小，所以使用元件可以大大减小文件的尺寸，对于同一个元件生成的多个实例，Flash 只需要储存它们之间不同的信息。

在 Flash 中使用的元件有如下作用：

(1) 可以让图形、按钮和影片剪辑成为相对独立的个体存在；

(2) 避免重复劳动，可反复调用成为元件实例(元件实例是应用到场景和其他元件中的元件)；

(3) 库中的元件不会因为元件的调用，而改变本身；

(4) 用元件时文件占空间小，加快影片播放速度。

Flash 中的元件有 3 种类型：图形、按钮、影片剪辑。

元件实例允许套嵌，既可以将影片剪辑放到按钮中，也可将按钮和图形放到影片剪辑中，但是元件不能放到自身中。

影片剪辑，它是一段完整的动画，有着独立的时间轴，它可以包含一切素材(交互式按钮、声音、图像和其他的影片剪辑)在里面。还可以为影片剪辑添加动作脚本来实现交互或制作一些特出的效果。有时为了实现交互，单独的图像也能定义为影片剪辑，影片剪辑动画都是自动循环播放，除非有脚本控制它。

图 1-7　库面板

按钮元件，按钮主要用于实现交互，有时也用来制作特殊的效果，按钮符号有 4 种状态，分别代表弹起、鼠标触摸、鼠标单击和相应区域。

图形元件，图形和影片剪辑类似，可以作为一段动画，它有自己的时间轴，也可以加入其他的素材和元件，但是图形元件不具有交互性，也不能加入声音，优势在于可以在原文件场景编辑状态下看到内容，而影片剪辑只能看见第一帧的内容，所有内容只能在输出以后才能看见。还可以指定图形实例的播放方式，如循环播放、播放一次和从第几帧开始。

2. 创建元件

创建的方法有两种：一是可以通过舞台上选定的对象来创建；二是创建一个空的元件，然后在元件的窗口中制作后导入内容，如图 1-8 和图 1-9 所示。

图 1-8　新建元件

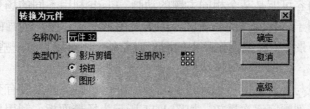

图 1-9　转换元件

1) 创建图形元件

(1) 将当前对象转换为元件，执行菜单"修改"→"转换为元件"或按 F8，注意选择一下对话框中的图形。这时元件会自动存放在库中，双击该元件会进入元件的窗口，可对元件进行编辑。

(2) 新建图形元件，执行菜单"插入"→"新元件"或按 Ctrl+F8，元件名称会出现在舞台左上角，在该元件工作窗口中心会出现一个"+"，代表该元件的中心点。注意要选择一下对话框中的图形。

2) 创建影片剪辑

(1) 新建，与创建图形元件相似，只是选中影片剪辑。

(2) 转换，选中场景中的时间轴所有的帧，单击鼠标右键选择复制后，在插入新建的影片剪辑元件中粘贴即可。

3) 创建按钮元件

(1) 插入/新建元件，选择按钮选项(在该按钮元件上出现 4 帧的时间轴编辑区，Flash 会创建一个 4 帧的交互影片剪辑。前 3 帧显示按钮的 3 种状态，第 4 帧定义按钮的活动区域，时间轴不播放它，只是对指针运动和动作做出反应，跳到相应的帧)。

(2) 弹起：为第一帧，代表指针没有滑过时，按钮的外观的状态，在此帧上可以制作按钮的外观图案。

(3) 指针经过：为第二帧，代表指针滑过时，按钮的外观的状态，F6 插入关键帧，在此帧上可以制作按钮滑过时的外观图案。

(4) 按下：为第三帧，代表单击按钮，按钮的外观的状态，F6 插入关键帧，在此帧上可以制作单击按钮外观图案。

(5) 点击：为第四帧，定义将响应鼠标单击的区域(最好是实心的)，这一片区域在影片中是看不到的。一般定义为第一帧按钮的大小，或直接复制第一帧粘贴到第四帧即可。

1.2.5 舞台和场景

1. 舞台

舞台是 Flash 动画的主要场所空间，Flash 中的所有运动对象的动画表现都是在舞台上完成的，舞台也就是 Flash 的工作区，如图 1-10 所示，白色的区域就是 Flash 的舞台。

2. 场景

场景就是动画中一个相对独立的场地，有背景衬托，动画对象就在这样的一个场地中运动或表现效果。一个 Flash 动画文件可能包含几个场景，每个场景中又包含许多个图层和帧内容。整个 Flash 动画可以由一个场景组成，也可以由几个场景组成。也就是说可以用场景把整个 Flash 动画分成几个部分。利用 Flash 制作多媒体课件，场景就是课件的框面。

每个场景上的内容可能是某个相同主题的动画。Flash 利用不同的场景组织不同的动画主题。场景同时也是用于进行创作的编辑区，如矢量图形的制作区，动画的制作和展示都需要在场景中进行。在场景中，除编辑作品中的图形对象外，还可以设置一些用于帮助图形绘制、编辑操作的辅助构件，如标尺、网格线等。

在播放时，场景与场景之间可以通过交互响应进行切换。如果没有交互切换，将按照它们在场景面板中的排列顺序逐次播放，如图 1-11 所示为场景面板，利用场景面板可以对场景进行编辑，可以方便地删除或新建场景。

图 1-10 Flash Professional 8 开发环境

图 1-11 场景面板

1.3 Flash Professional 8 开发环境介绍

Flash 以便捷、完美、舒适的动画编辑环境，深受广大动画制作爱好者的喜爱，在制作动画之前，先对工作环境进行介绍，包括一些基本的操作方法和工作环境的组织和安排。

1.3.1 Flash Professional 8 环境界面组成

1. 开始页

运行 Flash Professional 8，首先映入眼帘的是"开始页"，"开始页"将常用的任务都集中放在一个页面中,包括"打开最近项目"、"创建新项目"、"从模板创建"、"扩展"以及对官方资源的快速访问,如图 1-12 所示。

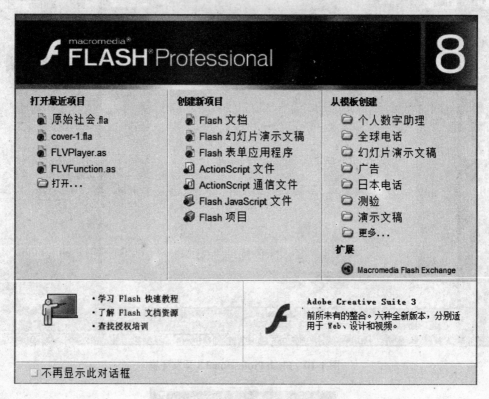

图 1-12　Flash Professional 8 开始界面

如果要隐藏"开始页",可以单击选择"不再显示此对话框",然后在弹出的对话框中单击"确定"按钮。

如果要再次显示开始页,可以通过选择"编辑"→"首选参数"命令,打开"首选参数"对话框,然后在"常规"类别中设置"启动时"选项为"显示开始页"即可。

2. 工作窗口

在"开始页",选择"创建新项目"下的"Flash 文档",这样就启动了 Flash Professional 8 的工作窗口并新建一个影片文档,如图 1-13 所示。

Flash Professional 8 的工作窗口由标题栏、菜单栏、主工具栏、文档选项卡、编辑栏、时间轴、工作区和舞台、工具箱以及各种面板组成。

窗口最上方的是"标题栏",自左到右依次为控制菜单按钮、软件名称、当前编辑的文档名称和窗口控制按钮。

"标题栏"下方是"菜单栏",在其下拉菜单中提供了几乎所有的 Flash Professional 8 命令项,通过执行它们可以满足用户的不同需求。

"菜单栏"下方是"主工具栏",通过它可以快捷地使用 Flash Professional 8 的控制命令。

"主工具栏"的下方是"文档选项卡",主要用于切换当前要编辑的文档,其右侧是文档控制按钮。在"文档选项卡"上单击鼠标右键,还可以在弹出的快捷菜单中使用常用的文件控制命令,如图 1-14 所示。

图 1-13　Flash Professional 8 工作窗口

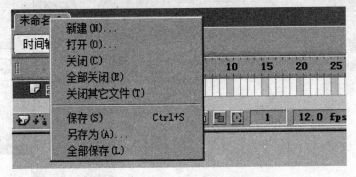

图 1-14　建立 Flash 文档快捷方式

　　"文档选项卡"下方是"编辑栏"，可以用于"时间轴"的隐藏或显示、"编辑场景"或"编辑元件"的切换、舞台显示比例设置等。

　　"编辑栏"下方是"时间轴"，用于组织和控制文档内容在一定时间内播放的图层数和帧数。

　　时间轴左侧是图层，图层就像堆叠在一起的多张幻灯胶片一样，在舞台上一层层地向上叠加。如果上面一个图层上没有内容，那么就可以透过它看到下面的图层。

　　Flash 中有普通层、引导层、遮罩层和被遮罩层 4 种图层类型，为了便于图层的管理，用户还可以使用图层文件夹，如图 1-15 所示。

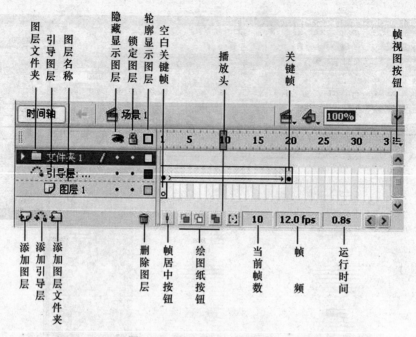

图 1-15　图层及时间轴线面板

"时间轴"下方是"工作区"和"舞台"。Flash Professional 8 扩展了舞台的工作区,可以在上面存储更多的项目。舞台是放置动画内容的矩形区域,这些内容可以是矢量插图、文本框、按钮、导入的位图图形或视频剪辑等,如图 1-16 所示。

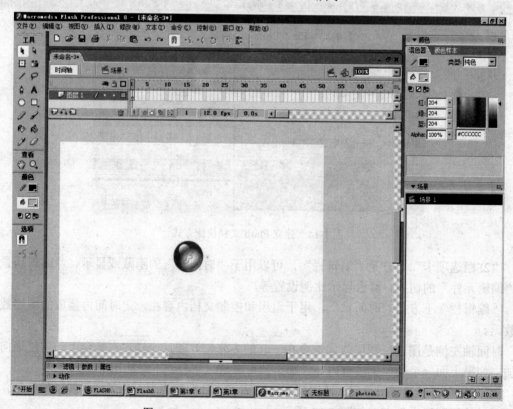

图 1-16　Flash Professional 8 的工作区和舞台

14

1.3.2 工具箱

窗口左侧是功能强大的"工具箱"，它是 Flash 中最常用到的一个面板，由"工具"、"查看"、"颜色"和"选项"4 部分组成，如图 1-17 所示。

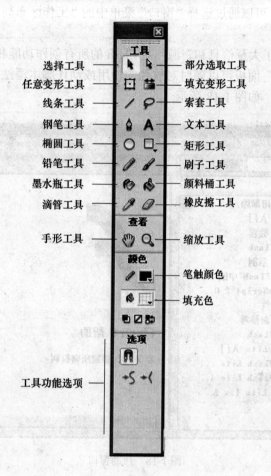

图 1-17   Flash 工具箱

选择工具 —— 部分选取工具
任意变形工具 —— 填充变形工具
线条工具 —— 索套工具
钢笔工具 —— 文本工具
椭圆工具 —— 矩形工具
铅笔工具 —— 刷子工具
墨水瓶工具 —— 颜料桶工具
滴管工具 —— 橡皮擦工具

查看
手形工具 —— 缩放工具

颜色
—— 笔触颜色
—— 填充色

选项
工具功能选项

1.3.3   面板

1. 面板的基本操作

(1) 打开面板。可以通过选择"窗口"菜单中的相应命令打开指定面板。

(2) 关闭面板。在已经打开的面板标题栏上单击鼠标右键，然后在快捷菜单中选择"关闭面板组"命令即可。

(3) 重组面板。在已经打开的面板标题栏上单击鼠标右键，然后在快捷菜单中选择"将面板组合至"某个面板中即可。

(4) 重命名面板组。在面板组标题栏上单击鼠标右键，然后在快捷菜单中选择"重命名面板组"命令，打开"重命名面板组"对话框。在定义完"名称"后，单击"确定"按钮即可。

如果不指定面板组名称，各个面板会依次排列在同一标题栏上。

15

(5) 折叠或展开面板。单击标题栏或者标题栏上的折叠按钮可以将面板折叠为其标题栏。再次单击即可展开。

(6) 移动面板。可以通过拖动标题栏左侧的控点 █ 移动面板位置或者将固定面板移动为浮动面板。

(7) 恢复默认布局。可以通过选择"窗口"菜单中的"工作区布局"→"默认"命令即可。

2. "帮助"面板

"帮助"面板包含了大量信息和资源，对 Flash 的所有创作功能和 ActionScript 语言进行了详尽的说明。"帮助"面板可以随时对软件的使用或动作脚木语法进行查询，使用户更好地使用软件的各种功能，如图 1-18 所示。

图 1-18　帮助窗口

如果从未使用过 Flash，或者只使用过有限的一部分功能，可以从"Flash 入门"选项开始学习。在其上方有一组快速访问的工具按钮，在文本框中输入词条或短语，然后单击"搜索"按钮，包含该词条或短语的主题列表即会显示出来。单击"更新"按钮 █，可获得新的信息。如果有新的信息提示，确认连接到 Internet，可按照说明下载帮助系统。

3. "动作"面板

"动作"面板可以创建和编辑对象或帧的 ActionScript 代码，主要由"动作工具箱"、"脚本导航器"和"脚本"窗格组成，如图 1-19 所示。关于此面板的详细应用，本书将在后面的章节中具体讲解。

4. "属性"面板

使用"属性"面板可以很容易地设置舞台或时间轴上当前选定对象的最常用属性，从而加快了 Flash 文档的创建过程，如图 1-20 所示。

当选定对象不同时，"属性"面板中会出现不同的设置参数，针对此面板的使用在后面的章节里会陆续介绍。

16

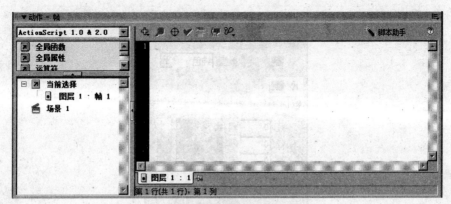

图 1-19　动作面板

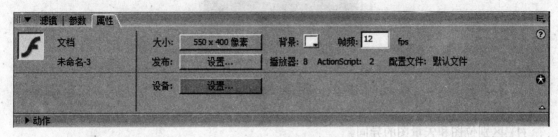

图 1-20　属性面板

5.　"滤镜"面板

此为 Flash Professional 8 新增的功能，从而大大增强了其设计方面的能力。这项新特性对制作 Flash 动画产生了便利和巨大影响。它们几乎颠覆了长期以来，人们对 Flash 设计能力欠缺的固有偏见，使大家不得不对其刮目相看。默认情况下，"滤镜"面板和"属性"面板、"参数"面板组成一个面板组，如图 1-21 所示。针对此面板的使用在后面的章节里会详细介绍。

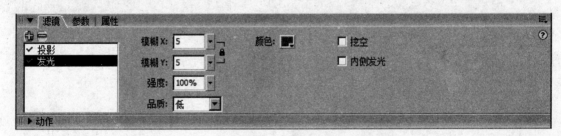

图 1-21　滤镜面板

6.　"颜色"面板

使用"颜色"面板可以为绘图或填充选取一种合适的颜色。Flash 的"颜色"面板可以为设计者提供多种效果的颜色配置。在类型选项中可以选择要使用颜色样式效果方案，为创造的图形设置多彩的效果。如图 1-22 所示为"颜色"面板。

7.　其他面板

Flash 中提供了动画制作的多种面板，还有"信息"面板、"变形"面板、"对齐"面板、"滤镜"面板、"参数"面板、"组件"面板等。这些面板将在后续的内容里具体讲解。Flash 中所有面板都可以通过窗口菜单打开。如果碰到没有显示出来的面板，可以利用窗口菜单的其他子菜单寻找到对应面板菜单，点击即可显示出所要的面板。

图 1-22　颜色面板

1.4　思考与制作题

(1) 区别位图和矢量图的异同。

(2) 区别帧、关键帧、空白关键帧的含义。

(3) 理解 Flash 中图层的概念及各类图层的作用。

(4) 熟悉各个面板的操作。

第2章　Flash Professional 8 绘图操作

本章主要内容：

※ 绘图基础
※ 绘图工具
※ 处理图形对象

2.1　绘 图 基 础

在利用 Flash 进行绘制图形、设计场景之前，有必要先学习一些预备知识，了解色彩的常识、Flash 的绘图原理、绘图工具、涂色、图形对象修改的操作等，对利用 Flash 进行动画和多媒体课件制作都是很有帮助的。

2.1.1　色彩常识

在任何图像艺术创作中都离不开色彩，计算机动画也不例外。如果色彩运用自如，感觉到位，那将是上等的作品，给人以愉悦的享受，现在就色彩做以下讨论。

1. 色彩的含义

在自然界中有最丰富的色彩资源，如阳光、花草、天空、大海等，它们自身的颜色已被人们不知不觉地接受、认同并形成一种意识，一种独特的感觉。很多人对颜色的感觉或联想都是相似的，这种特点叫做"共通性"，这是出于传统习惯的缘故。因此不同的颜色能给观众以沉静、活泼、温暖、寒冷等直接的感受，也可以形成热烈、冷漠、朴素、典雅、清爽、愉快等感觉。大家习惯以某种颜色表示某种特定的意义，于是该颜色就变成了某事物的象征。颜色的意义在世界上也具有共通性，但由于民族习惯不同也会存在很大差异。下面对一些内涵表达强烈的颜色做一些介绍。

红色，是火的色彩，也是血的颜色，给人的感觉是温暖、兴奋、热烈、坚强和威严，所以我国的国旗使用红色赋予了革命的含意。在西方，据说耶稣的血是葡萄酒色，所以又表示圣餐和祭奠。粉红色是健康的表示，而深红色则意味着嫉妒或暴力，被认为是恶魔的象征。除此之外，红色也给人以警告、恐怖、危险感，所以应用于交通信号的停止信号、消防系统的标志色等。

黄色，属于暖色，代表光明、欢悦，色相温柔、平和。在我国古代是帝王的象征色，有高贵、尊严的含义，一般人不得使用。黄色在古罗马也被当作高贵色。东方佛教喜爱雅素、脱俗，常用黄色暗示超然物外的境界，在基督教黄色同样作为犹太衣服的颜色；有时黄色也代表娇嫩、幼稚。

绿色是大自然的代表色，象征春天、新鲜、自然和生长，也用来象征和平、安全、无污染，如绿色食品，同时绿色也是未成年人的象征。绿色在西方有另一种含意是嫉妒的恶魔。

蓝色给人幽雅、深刻的感觉，有冷静和无限空间的意味，也表示希望、幸福。在西方，蓝色象征着名门贵族。但蓝色也是绝望凄凉的同义语。在日本，也用蓝色表示青年、青春或者少年等年轻的一代。同时，蓝色也是联合国规定的新闻象征颜色。

紫色也具有高贵庄重的内涵，日本和中国在过去都以服色来表示等级，紫色是最高级的。至今在某些仪式上仍用紫幕、方绸巾等。在古希腊，紫色作为国王的服装专用色。总之，紫色意味着高贵的世家。

白色，通常是优美轻快、纯洁、高尚、和平和神圣的代语。自然界中雪是白色的、云是白色的。因此，白色给人以素雅、寒冷的印象；有时也代表脆弱、悲哀之意。不同的民族对它有不同的好恶。中国和印度以白象和白牛，作为吉祥和神圣的象征。日本的道士与和尚喜欢穿白衣服。西方结婚的新娘穿白色婚纱。相反，中国办丧事却用白色孝服。

黑色，代表黑暗和恐怖，意喻死亡、悲哀，属不吉利色。它表示一种深沉、神秘，使人产生凄寒和失望的意念。但把黑和其他颜色相配时却显出黑色的力量和个性，如黑白相衬，显得精致、新鲜、有活力。在黑色衬托下可以使用各种非常刺激的冷暖颜色，因为它有调和色彩的作用。

通过上面的介绍，相信读者也会联想身边的事物，它们为什么使用这种颜色，以及这种颜色赋予该事物的独特意义。一切颜色不但具有不同的特性，而且各种色彩之间也产生相关性及相对性。评价一种颜色是浑浊还是新鲜，是明快还是暗淡，是寒冷还是温暖，一定要和其他色彩发生相互关系才能进行判断，单独用一种颜色是无法评价的。下面根据颜色的多种特性进行辩证理解。

从颜色的冷暖比较，例如，所有的色彩纯度一样，感觉最强的首先是橙黄，其次是红，再次是黄、绿、紫、青、蓝。红、橙黄属于暖色，紫介于寒暖之间，习惯上也称之为中间色。其实，中间色也存在某种程度的寒暖差异。绿介于青和黄之间，若偏黄一些则显暖，具有膨胀和发扬的感觉。凡是冷色，都具有沉着和收缩的感觉。凡是比较浑浊的色彩，在人的视觉上就产生了一种脏的感觉。有浊必有清，凡是比较纯正的色彩一般产生鲜明感。色彩相关性体现在类似和对比这两个方面，两者都可从颜色的寒暖、明暗、清浊的特性上找到区别。

所有色彩除了本身具有不同冷暖特性之外，还由于黑白含量的多少会造成明色和暗色的差别。因此，每一种色彩都形成各种深浅不同的色调。当两种不同色彩放在一起进行比较时，首先会产生明暗上的对比效果。而色彩的对比并不局限于上面所述的这些。如果把一种华丽的颜色和朴素的颜色放在一起，把光滑的颜色和粗糙的颜色放在一起，也将发生不同对比效果。尤其是那些特性不明显的色彩，也可以通过对比的方法，使它们的性格鲜明起来。如果配合得好，鲜艳的颜色不仅不会掩盖另一个晦暗的颜色，而且，还可以提高它的色彩效果。例如，一种灰颜色，把它放在暖色旁边，它就有些偏冷，如果把它放在冷色旁边，看上去就有些偏暖的感觉。色彩还有一个特性就是从面积上进行对比。例如，大面积界限分明的色调使一幅画具有力量和生气。在深暗的色调中如以面积较小的亮色调相衬托，会赋予肃穆、庄重的感觉。

色彩的对比效果可以很强烈，也可以很柔和，但要注意，突出的色彩使用太多会造成注意力的分散，会破坏构图的统一。在追求某种艺术效果时，往往可以利用物质材料的本色来产生，以更好地体现自然美。关于"对比美"这个法则可以运用在不同的手法中。为满足主观的要求，应注意材料的制约性与色彩、环境之间的互相关系。特别应注意色彩与色彩之间、材料与材料之间、环境与主体之间的既相互制约又相互补充的辩证关系。

2. 色彩的三要素

彩色光可以用亮度、色调和饱和度来描述，人眼看到的任意一种彩色光都是这三个特征的综合效果。

1) 亮度

亮度是光作用于人眼时所引起的明亮程度的感觉，它与被观察物体的发光强度有关，由于其强度不同，看起来可能亮一些或暗一些。如果彩色光的强度降至使人看不到了，在亮度标尺上它应与黑色相对应；反之，如果其强度变得非常大，那么亮度等级应与白色对应。对于同一物体，照射的光越强，反射光也越强；对于不同物体，在照射情况下，反射越强者，看起来越亮。此外，亮度感还与人类视觉系统的视敏感函数有关，即便强度相同、颜色不同的光照射同一物体也会产生不同的亮度。

2) 色调

色调是当人眼看到一种或多种波长的光时所产生的彩色感觉，它反映颜色的种类，是决定颜色的基本特征。红色、棕色等都是色调。某一物体的色调是指该物体在日光照射下，所反射的各光谱成分作用于人眼的综合效果，对于透射物体，则是透过该物体的光谱综合作用的结果。

3) 饱和度

饱和度是指颜色的纯度，即掺入白光的程度，或者说是指颜色的深浅。对于同一色调的彩色光，饱和度越深，颜色越鲜艳或越纯。例如，当红色加入白光之后冲淡为粉红色，其基本色调还是红色，但饱和度低。饱和度还与亮度有关，因为若在饱和的彩色光中增加白光的成分，由于增加了光能，因而变得更亮，但饱和度降低。如果某色调的彩色掺入别的彩色光，则会引起色调的变化。

3. 色彩的构成

构成是将几个单元重新组合成为一个新单元的过程。它是一种与造型有关的概念，也是现代造型设计用语。色彩构成是指配色方面的平衡、分隔、节奏、强调、协调等方法的使用。

1) 平衡

重色和轻色、明色和暗色、强色和弱色、膨胀色和收缩色等都是相对立的色彩，配色时应改变其面积和形状以保持平衡。

不同量的各种颜色，由于比较的结果就会形成均衡或不均衡的感觉。要达到均衡，配备颜色时要考虑到屏幕上、下、左、右以及两个对角关系上的均衡，不要把很强或很弱的颜色孤立在一边。同时，也要注意每种颜色的面积大小变化，这也是均衡的关键。

2) 分隔

主画面颜色的面积大小和变化是均衡的关键，分隔也是如此，主要是在配色时，在交界处嵌入别的颜色，从而使原配色分离，以此来补救色彩间因类似而过分弱或因对比而过分强的缺陷。

3) 节奏

平衡和分隔也是体现画面节奏的重要因素，节奏是通过色调、明度、纯度的某种变动和往复，以及色彩的协调、对照和照应而产生的，以此来表现出色彩的运动感和空间感。这个节奏取决于形态配置的和谐。为了效果更好，可使色调变化产生渐变的效果。

4) 强调

强调是通过面积较小的鲜明色改善整体单调的效果，强调是使颜色之间紧密联系并且平衡的关键，应贯穿于整体。例如，在大面积的暖色中加一小块较冷的色彩，或在一大块亮颜色上放一小块暗的色彩，也可反之，这样可以打破画面的呆板。也就是说运用颜色的各种对比方法来达到强调的目的，我们往往使用红和绿、黄和紫、橙黄和青做对比。

5) 协调

协调就是以某颜色为主调，调和色彩，使各色之间统一联系、互相呼应和感觉协调，以此来表现统一的感觉。协调决定了一幅作品的成败，主要指冷暖色和明暗调的统一，整体被哪种色调所支配。可以说有几种不同的主调，就有几种不同的协调效果。

要掌握协调的规律其实很简单，就是记住各种颜色的浓淡、冷暖以及明暗的搭配变化，如黄与橙、蓝与绿、青与紫、浅绿与深蓝、浅黄与深橙等。

4. 三原色(RGB)原理

自然界中常见的各种颜色光都可以由红(R)、绿(G)、蓝(B)三种颜色光按不同的比例相配而成。同样，绝大多数颜色光也可以分解成红、绿、蓝三种颜色光，这就是色度学中最基本的原理——三原色原理。当然三原色的选择不是唯一的，也可以选择其他三种颜色为三原色，但是三种颜色必须是相互独立的，即任何一种颜色都不能由其他两种颜色合成。由于人的眼睛对红、绿、蓝三种色光最敏感，因此，由这三种颜色相配所得的色彩范围也最广。一般都选这三种颜色作为基色。

2.1.2 绘图原理

1. 线条与填充色

当使用铅笔、线条、椭圆、矩形或刷子等工具创建了形状轮廓之后，可以用各种方式改变。注意，填充和笔触是不同的对象，可以分别选择填充或笔触来移动、修改。

2. 合并绘制模式

当使用铅笔、线条、椭圆、矩形或刷子工具绘制一条穿过另一条直线或已涂色形状的直线时，重叠直线会在交叉点处分成线段。可以使用选取工具来分别选择、移动每条线段并改变其形状，而用钢笔工具创建的重叠直线不会在交叉点处分成单独的线段。

当一条直线穿过一个填充时，分割形成两个填充和三条线段。当在图形和线条上涂色时，底下部分就会被上面部分所替换，同种颜色的颜料就会合并在一起，不同颜色的颜料仍保持不同。可以使用这些功能来创建蒙版、剪切块和其他底片图像。要避免由于重叠形状和线条而意外地改变它们，可以组合形状或者使用图层来分离它们。

3. 对象绘制模式

在 Flash Professional 8 以前的版本中，位于舞台上同一图层中的所有形状可能会影响其他重叠形状的轮廓。Flash Professional 8 可以在舞台上直接创建形状，而不会与舞台上的其他形状互相干扰。使用新增的"对象绘制"模型创建形状时，该形状不会使位于新形状下方的其他形状发生更改。要选择"对象绘制"模型创建图形，只需要点击绘图工具的选项区中的图标，Flash 就会在图形上添加矩形边框。如果使用指针工具移动该对象，只需单击边框，然后拖曳图形到舞台上的指定位置即可。

2.1.3 Flash 处理颜色

Flash Professional 8 提供了多种应用、创建和修改颜色的方法。在默认调色板或者自己创建的调色板中，用户可以选择舞台中对象的笔触或填充的颜色。将笔触颜色应用到图形形状，这种颜色会对图形形状的轮廓涂色。将填充颜色应用到图形形状，这种颜色会对图形形状的内部涂色。

在将笔触颜色应用到图形形状的时候，可以选择任意的纯色，以及笔触的样式和粗细。对于图形的填充，可以用纯色、渐变色或位图。

要将位图填充应用到图形，必须把位图导入到当前文件中。

可以使用"无颜色"作为填充来创建只有轮廓没有填充的图形，或者使用"无颜色"作为轮廓来创建没有轮廓的填充图形。另外，也可以对文本应用纯色填充。

Flash 中可以用多种方式修改笔触和填充的属性，如使用颜色桶、墨水瓶、吸管和填充变形工具，以及刷子和颜料桶工具的"锁定填充"工具。使用混色器可以很容易地在 RGB 和 HSB 模式下创建和编辑纯色或渐变填充。使用"颜色样本"面板可以导入、导出、删除和修改文件的调色板。可以在混色器中以十六进制模式选择颜色，也可以从工具栏或"属性"面板的"笔触和填充"弹出窗口中选择颜色。

1. 使用"笔触颜色"和"填充颜色"工具

1) 使用工具箱面板中的"笔触颜色"和"填充颜色"工具

椭圆和矩形工具既可以有笔触颜色，也可以有填充颜色；但文本工具和刷子笔触只有填充颜色；用线条工具、钢笔和铅笔工具绘制的线条只有笔触颜色。工具箱面板中的"笔触颜色"和"填充颜色"工具用来设置绘画和涂色工具创建的新对象的涂色属性，如图 2-1 所示。要用这些工具来更改现有对象的涂色属性，必须先在舞台中选择对象。

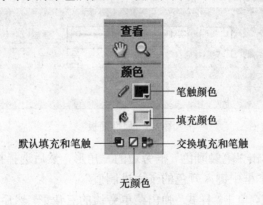

图 2-1 笔触和填充

要使用工具箱面板上的工具来改变笔触和填充颜色，要执行以下操作之一：

(1) 单击笔触或填充颜色框旁边的小三角形，然后从弹出的调色板对话框中选择一个颜色样本，如图 2-2 所示。注意，渐变色只能用作填充颜色，不能用作笔触颜色；

(2) 在如图 2-2 所示的文本框中键入颜色的十六进制值；

(3) 单击如图 2-2 所示的右上角的"颜色选择器"按钮，然后从"颜色选择器"中选择一种颜色；

(4) 在如图 2-2 所示的 Alpha 文本框中键入一个百分数来设置透明色；

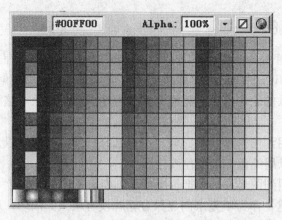

图 2-2　调色板

(5) 单击颜色弹出窗口中的"无颜色"按钮可以删除所有笔触或填充；

(6) 单击工具箱中的"默认填充和笔触"按钮恢复到默认的颜色设置(白色填充及黑色笔触)；

(7) 单击工具箱中的"交换填充和笔触"按钮可以在填充和笔触之间交换颜色。

2) 使用"属性"面板中的"笔触颜色"和"填充颜色"参数项

若要修改选定对象的笔触颜色、样式和粗细，可以使用"属性"面板中的"笔触颜色"参数项。具体步骤如下：

(1) 选择舞台上的对象(对于元件，要先双击进入元件编辑模式)；

(2) 如果看不到"属性"面板，请选择"窗口"→"属性"命令，打开如图 2-3 所示的面板；

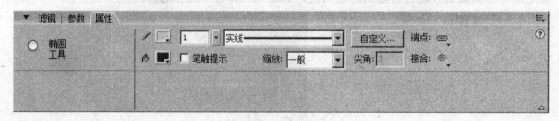

图 2-3　属性面板

(3) 要选择颜色，单击"笔触颜色"框旁边的三角形，然后选择执行"从调色板中选择一个颜色样本"或"在文本框中键入颜色的十六进制值"；

(4) 要选择笔触样式，单击"样式"弹出菜单旁边的三角形，然后从菜单中选择一个选项。要创建自定义样式，从"属性"面板中选择"自定义"，然后在"笔触样式"对话框中选择选项，并单击"确定"按钮；

(5) 要选择笔触的粗细，单击"粗细"弹出菜单旁边的三角形，将滑块设置在所需的粗细位置。

若要选择纯色填充，可以使用"属性"面板中的"填充颜色"参数项。具体步骤如下：

(1) 在舞台上选择一个或多个对象；

(2) 执行菜单"窗口"→"属性"；

(3) 要选择颜色，请单击"填充颜色"框边上的三角形，然后选择执行"从调色板中选择一个颜色样本"或"在文本框中键入颜色的十六进制值"。

2. 修改调色板

每一个 Flash 文件都包含自己的调色板，该调色板存储在 Flash 文档中。Flash 将文件的调色板显示为"填充颜色"和"笔触颜色"工具，以及"颜色样本"面板中的样本。默认的调色板是 216 色的 Web 安全调色板。用户可以使用混色器向当前调色板中添加颜色。

要导入、导出和修改文件的调色板，可以使用"颜色样本"面板；可以复制颜色，从调色板中删除颜色，更改默认调色板，在替换后重新加载 Web 安全调色板，或者根据色相对调色板进行排序。

1) 复制和删除颜色

若要从调色板中复制和删除颜色，具体步骤如下：

(1) 如果看不到"颜色样本"面板，请选择"窗口"→"设计面板"→"颜色样本"，弹出如图 2-4 所示的窗口；

(2) 单击要复制或删除的颜色；

(3) 从图 2-4 的右上角的弹出菜单中选择"直接复制样本"或者"删除样本"即可。

若要从调色板中清除所有的颜色，可在"颜色样本"面板右上角的弹出菜单中选择"清除颜色"，既可从调色板中删除除黑色和白色之外的所有颜色。

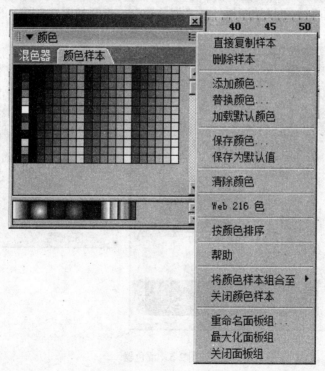

图 2-4　颜色样本面板

2) 使用默认调色板和 Web 安全调色板

在 Flash 中，可以将当前调色板保存为默认调色板，用为文件定义的默认调色板替换当前调色板或者加载 Web 安全调色板来替换当前调色板。

如果要加载或保存默认调色板，可在"颜色样本"面板右上角的弹出菜单中选择以下命令之一：

(1) "加载默认颜色"可以用默认调色板替换当前调色板；

(2) "保存为默认值"可以将当前调色板保存为默认调色板，创建新文件时会使用新的默认调色板。

若要加载 216 色的 Web 安全调色板，则在"颜色样本"面板右上角的弹出菜单中选择"Web216 色"既可。

3. 使用混色器中的纯色和渐变色

要创建和编辑纯色以及渐变填充，可以使用混色器。如果已经在舞台中选定了对象，则在混色器中所作的颜色更改会被应用到该对象中。

用混色器可以创建任何颜色。Flash 允许在 RGB 或 HSB 模式下选择颜色，或者展开面板使用十六进制模式；还可以指定 Alpha 值来定义颜色的透明度。此外，还可以从现有调色板中选择颜色。

Flash 允许展开混色器以代替颜色栏显示更大的颜色空间，其中有一个拆分开的颜色样本可显示当前和以前的颜色，还有一个"亮度"工具可修改所有颜色模式下的颜色亮度。

1) 用混色器创建或编辑纯色

用混色器创建或编辑纯色的具体步骤如下：

(1) 要将颜色应用到现有的图形，在舞台中选择一个或多个图形对象；

(2) 选择"窗口"→"设计面板"→"混色器"，打开如图 2-5 所示的面板；

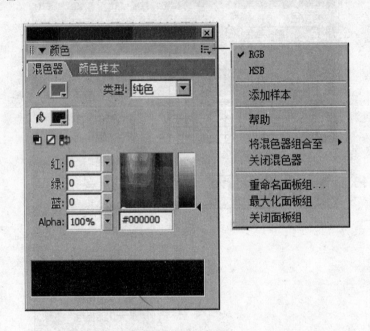

图 2-5　混色器

(3) 若要选择颜色模式显示，从混色器右上角的弹出菜单中选择 RGB(默认设置)或 HSB 选项；

(4) 单击"笔触颜色"或"填充颜色"图标来指定要修改的属性，注意，要确保单击的是图标，而不是颜色框，若选择了"填充颜色"图标，确保在混色器中心的"填充样式"弹出菜单中选择"纯色"；

(5) 单击"混色器"面板右下角的箭头，展开混色器；

26

(6) 执行以下操作之一:

① 在混色器的颜色空间中单击选择一种颜色,拖到"亮度"对象来调整颜色的亮度;

② 在"颜色值"输入框中输入颜色值(对于 RGB 显示,输入的是红、绿、蓝的值;对于 HSB 显示,输入的是色相、饱和度、亮度的值;对于十六进制显示,输入的是十六进制值),输入一个 Alpha 值来制定透明度,其范围为 0(表示完全透明)~100(表示完全不透明);

③ 单击"默认笔触和填充"按钮恢复到默认的颜色设置(白色填充及黑色笔触);

④ 单击"交换笔触和填充"按钮可以在填充和笔触之间交换颜色;

⑤ 单击"无颜色"按钮将不对填充或笔触应用颜色,不能将"无颜色"的笔触或填充应用于现有对象,而应该选择现有的笔触或填充,然后删除它;

⑥ 单击笔触或者填充颜色框,然后从弹出窗口中选择一种颜色。

(7) 要向当前文档的调色板中添加自定义的颜色,从混色器右上角的弹出菜单中选择"添加样本"。

2) 用混色器创建或编辑渐变填充

若要用混色器创建或编辑渐变填充,具体步骤如下:

(1) 要将渐变填充应用到现有图形,在舞台上选择一个或多个对象;

(2) 如果看不到颜色器,选择"窗口"→"设计面板"→"混色器";

(3) 若要选择颜色模式显示,选择 RGB(默认设置)或 HSB;

(4) 从混色器中心的"填充样式"弹出菜单中选择一种渐变类型:

图 2-6　混色器

① "线性渐变",创建的渐变从起始点到终点沿直线逐渐变化,如图 2-6 所示;

② "放射状渐变",创建的渐变从起始点到终点按照环形模式向四周逐渐变化。

(5) 渐变定义栏代替颜色栏显示在混色器中,在该栏下面有指针指示渐变中的每一种颜色;

(6) 要更改渐变中的颜色,单击渐变定义栏下面的某个指针,然后出现展开的混色器,在渐变栏下面的颜色空间中单击,拖动"亮度"工具来调整颜色的亮度;

(7) 要向渐变中添加指针,在渐变定义栏上面或下面单击,为步骤(6)中描述的新指针选择一种颜色;

(8) 要重新放置渐变色上的指针,沿着渐变定义栏拖动指针,将指针向下拖离渐变定义栏可以删除它;

(9) 要保存渐变色,单击混色器右上角的三角形,然后从弹出菜单中选择"添加样本",即可将渐变色添加到当前文档的"颜色样本"面板中。

4. 使用墨水瓶工具、颜料桶工具、填充变形工具和吸管工具

1) 用墨水瓶工具修改笔触颜色

使用墨水瓶工具而不是选择个别的线条,可以更容易地一次更改多个对象的笔触属性、宽度和样式。具体步骤如下:

(1) 从工具箱中选择墨水瓶工具；

(2) 使用工具箱中的"笔触颜色"工具，选择一种笔触颜色；

(3) 从"属性"面板中选择笔触样式和笔触宽度；

(4) 单击舞台中的对象来应用对笔触的修改。

2) 用颜料桶工具应用纯色、渐变和位图填充

颜料桶工具可以用颜色填充封闭的区域或未完全封闭的区域。此工具既可以用来填充空的区域，也可以更改已涂色区域的颜色。可用纯色、渐变填充以及位图填充进行涂色。步骤如下：

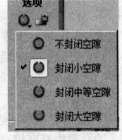

图 2-7　绘图选项

(1) 从工具箱中选择颜料桶工具；

(2) 选择填充颜色和样式；

(3) 单击"空隙大小"功能键，然后根据需要选择一个选项，如图 2-7 所示，若选择"不封闭空隙"，要在填充形状之前手动封闭空隙，对于复杂的图形，手动封闭空隙会更快一些，若选择其他封闭选项，可以填充有空隙的图形；

(4) 单击要填充的图形或者封闭区域即可。

3) 锁定渐变或位图以填充舞台

Flash 允许锁定渐变色或位图填充，使填充看起来好像扩展到整个舞台，并且用该填充涂色的对象好像是显示下面的渐变或位图的遮罩，如图 2-8 和图 2-9 所式。当刷子或颜料桶工具选择了"锁定填充"功能键，并用该工具涂色的时候，位图或者渐变填充将扩展覆盖涂色的对象。使用"锁定填充"功能键可以创建应用于舞台上独立对象的单个渐变或者位图填充的外观。操作步骤如下：

(1) 选择刷子或者颜料桶工具，然后选择作为填充的渐变或者位图；

图 2-8　渐变色锁定填充　　　　　　　图 2-9　位图锁定填充

(2) 从混色器中心的"填充样式"弹出菜单中先选择"线性渐变"或者"放射状渐变"，然后选择刷子或者颜料桶工具；

(3) 单击"锁定填充"功能键；

(4) 先对要放置填充中心的区域进行涂色，然后移动到其他区域。

4) 使渐变色或位图填充变形

通过调整填充的大小、方向或者中心，可以使渐变填充或位图填充变形。要使渐变或位图填充变形，可以使用填充变形工具。步骤如下：

(1) 选择填充变形工具；

(2) 单击用渐变或位图填充的区域；

(3) 它的中心会显示出来，并且在它的边框上显示编辑手柄，如图 2-10 所示，当指针在这些手柄中的任何一个上面的时候，它会发生变化，显示该手柄的功能。用下面的任何方法都可以更改渐变或填充的形状：

28

① 要改变渐变或位图填充的中心点的位置，拖动中心点；

② 要更改位图填充的宽度，拖动边框上的方形手柄(此选项不包含该填充对象的大小)；

③ 要更改位图填充的高度，拖动边框底部的方形手柄；

④ 要旋转渐变或位图填充，拖动角上的圆形旋转手柄，还可以拖动圆形渐变的填充边框最下方的手柄；

⑤ 要缩放线性渐变的宽度，拖动边框中心的方形手柄；

⑥ 要更改环形渐变的半径，拖动环形边框中间的圆形手柄。

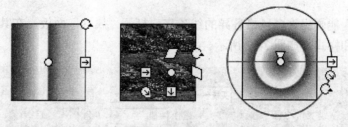

图 2-10　线性渐变、位图与环形渐变的编辑手柄

5) 用吸管工具复制笔触颜色和填充颜色

可以用吸管工具从一个对象上复制填充和笔触的属性，将它们应用到其他对象上。吸管工具还可以用来从位图图像上取样用作填充。步骤如下：

(1) 选择吸管工具，然后单击要将其属性应用到其他笔触或填充区域的笔触或者填充区域。当单击一个笔触时，该工具自动变成墨水瓶工具。当单击已填充的区域时，该工具自动变成颜料桶工具，并且打开"锁定填充"功能键。

(2) 单击其他笔触或已填充区域以及应用新属性。

2.2　绘　图　工　具

Flash 提供了各种工具来绘制自由形状或准确的线条、形状和路径，并可以对此进行着色。如图 2-11 所示为 Flash 提供的绘图工具箱面板。在使用大多数工具时，"属性"面板都会发

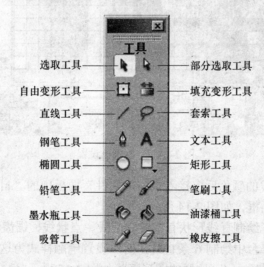

图 2-11　绘图工具箱面板

29

生变化，以显示与该工具相关的设置及参数。当使用绘画或涂色工具创建对象时，该工具会将当前笔触和填充属性应用于该对象。要更改现有对象的笔触和填充属性，可以使用工具栏中的颜料桶和墨水瓶工具或"属性"面板。

2.2.1　绘制和处理线条

"直线工具"是 Flash 中最简单的工具。现在来画一条直线，鼠标左键单击"直线工具"，移动鼠标指针到舞台上，在直线开始的地方按住鼠标拖动，到结束点松开鼠标，一条直线就画好了。

"直线工具"能画出许多风格各异的线条来。打开"属性"面板，在其中，可以定义直线的颜色、粗细和样式，如图 2-12 所示。

图 2-12　直线属性设置

在如图 2-12 所示的"属性"面板中，鼠标左键单击其中的"笔触颜色"按钮，会出现一个调色板对话框，同时光标变成滴管状。用滴管直接拾取颜色或者在文本框里直接输入颜色的十六进制数值。颜色以#开头，如#99FF00，如图 2-13 所示。

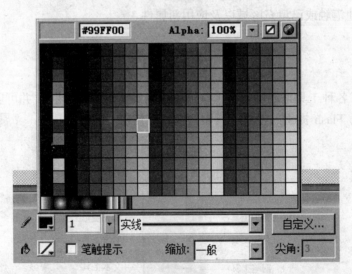

图 2-13　笔触颜色设置

设置好想要绘制直线的颜色后，接着点击"属性"面板中的"自定义"按钮，会弹出一个"笔触样式"设置对话框，如图 2-14 所示。

在类型选项中提供了绘制直线形状有实线、虚线、点状线、锯齿状、点描、斑马线 6 种样式的直线。现分别在舞台中绘制 6 条直线，对应设置笔触样式为这 6 种，直线的"笔触高度"在"属性"面板中设置为 4，这样的图形形状如图 2-15 所示。

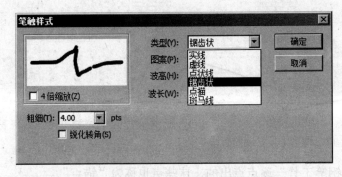

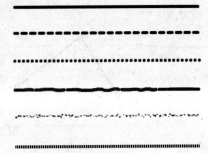

图 2-14　笔触样式设置　　　　　　　　图 2-15　线型样式

　　试着在"属性"面板中修改对应的属性参数，会使绘制出来的直线得到不同的形状效果，直线是构成复杂图形的基础，在 Flash 中会熟练利用"直线工具"绘制或设置参数来取得所要的直线形状，将为以后构造复杂图形打下基础。

　　"吸管工具"和"墨水瓶工具"可以很快地将一条直线的颜色样式套用到别的线条上。用"吸管工具"单击图 2-15 中的某一条直线，看看"属性"面板的变化，它显示的就是该直线的属性，而且鼠标形状也自动由"吸管"形状变成了"墨水瓶工具"。接着将"墨水瓶"形状的鼠标移动去点击其他直线，会发现这条也变成和之前的那条直线一样的形状了。按照练习即可熟练"吸管工具"和"墨水瓶工具"的作用，以及在绘图中巧妙使用。

　　如果需要更改这条直线的方向和长短，Flash 也为我们提供了一个很便捷的工具："选取工具"。

　　"选取工具"的作用是选择对象、移动对象、改变线条或对象轮廓的形状。单击选择"选取工具"，然后移动鼠标指针到直线的端点处，指针右下角变成直角状，这时拖动鼠标可以改变直线的方向和长短。

　　如果鼠标指针移动到线条中任意处，指针右下角会变成弧线状，拖动鼠标，可以将直线变成曲线。这是一个很有用处的功能，在我们鼠标绘图还不能随心所欲时，它可以帮助我们画出所需要的曲线。

　　"直线工具"可以绘制一条笔直的线段，结合"选取工具"可以对其进行任意形状的处理得到曲线，而工具箱中提供的"铅笔工具"可以绘制任意形状的曲线，再利用"选取工具"作细节处理，也可以方便地绘制所想要的曲线。如图 2-16 所示为利用"铅笔工具"绘制出来的曲线。

图 2-16　铅笔工具绘制的曲线

　　"钢笔工具"也可以绘制曲线，并且比"铅笔工具"绘制的曲线有更独特的处理方法。如果绘制的是折线，那用"钢笔工具"就比较方便了，如图 2-17 所示为"钢笔工具"绘制的折线。

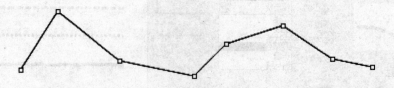

图 2-17　钢笔工具绘制的折线

上图中的折线的折角处的点是"钢笔工具"逐点点出的，这些点也称为"锚点"。

使用"钢笔工具"一样也可以绘制弧形曲线，要诀是在按下鼠标的同时向想要绘制曲线段的方向拖动鼠标，然后将指针放在想要结束曲线段的地方，按下鼠标按钮，然后朝相反的方向拖动来完成线段。如果觉得这条曲线不满意，还可以用"部分选取工具"来进行调整。

现在练习画一条波浪线，为了让大家容易理解，先执行"视图"菜单→"网格"→"显示网格"命令，在工作区里出现网格，使定点更容易。在一个网格的顶点上开始按下鼠标，并将鼠标向上拖动到该顶点的对角点，如图 2-18 所示。所绘制的直线以中点为中心上下各跨两个方格。

然后以中心点所在的网格线为主向左每隔四个方格，用鼠标做与第一次绘制的斜线相同的操作，如此反复五次后就得到了如图 2-19 所示的有规律的波浪线了。

图 2-18　在网格显示的舞台上绘制直线

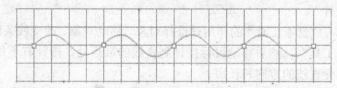

图 2-19　绘制的波浪曲线

利用"钢笔工具"绘制曲线，因为有锚点，所以利用锚点可以很容易地编辑曲线的形状，要想让曲线变成什么样的形状，用鼠标拖动锚点上的手柄就可以了。它可以随意地编辑曲线的形状。

2.2.2　椭圆的绘制与处理

"椭圆工具"可以绘制椭圆和正圆。当要绘制正圆时，按住"Shift"键，再利用鼠标在舞台上拖动，绘制出来的图形就是正圆图形了。下面练习绘制一个椭圆和一个正圆。选择"椭圆工具"，在"属性"面板中设置填充颜色为红色，然后在舞台上绘制出一个椭圆，接着改变填充颜色为"渐变绿色"，按住"Shift"键在舞台上绘制出一个正圆，如图 2-20 所示。

绘制出来的椭圆如果想再次改变填充颜色，可以利用"选取工具"将要处理的图形选中，接着设置填充颜色，设置好的填充颜色就会直接填入选中的图形中。

"椭圆工具"绘制出来椭圆形，其形状可以利用"选取工具"进行任意形状的变形。当鼠标选择了"选取工具"后，把鼠标移到椭圆的旁边时，鼠标的下方会出现一个弧线标志，这时按住鼠标进行拖动，就可以改变椭圆的形状了。

在合并绘制模式下，绘制出来的椭圆或是正圆，可以利用"选取工具"进行任意地切割，或者利用"套索工具"做任意形状的切割。Flash 中的"套索工具"和 Photoshop 中的套索工具功能相同，是用来进行不规则选取操作的一种工具。

在 Flash 中，图形分为流式结构和非流式结构两种。使用绘图工具绘制出来的大多是流式结构的。所谓流式，就是图形可以使用选取工具任意地切除或选取某一部分，或者对其原来的形状进行变化，把它变成需要的形状。这样的图形就如同流式物质一样，可以进行任意地变形。Flash 图形的这一特点，使得创作者们能够很随意地制作自己想要的图形形状，图形制作也变得容易得多。而非流式结构就无法进行图形分割和变形。Flash 中在合并绘制模式下绘制的图形都是流式结构图形，而在对象绘制模式下绘制的图形就是非流式结构的图形。绘图时要注意两种模式的操作异同。

下面利用"椭圆工具"在舞台上绘制一个椭圆图形，把它当作是一个鸡蛋。先点击绘图工具箱中的"椭圆工具"，在工具箱下方的选项处有个圆形图标，确保其关闭。该图标按下为对象绘制模式，如图 2-21 所示。

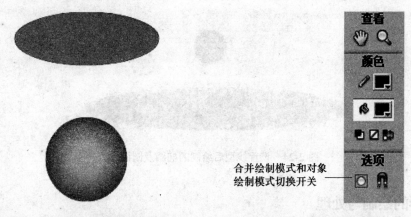

图 2-20　椭圆工具绘制的图形　　　　图 2-21　绘制模式设置

接着在舞台上绘制一个椭圆型图形，选择"套索工具"，利用"套索工具"对刚刚绘制出来的椭圆做部分不规则选取，再利用"选取工具"将选中的椭圆部分图形移开，如图 2-22 所示。

这样的图形很像是一个鸡蛋不小心被打破的样子。对于这样的图形，在 Flash 中是很容易制作出来的，而且是轻而易举的。卡通动画里的图形也都可以很简单地创作出来。利用 Flash 制作多媒体课件，界面设计也能轻而易举地进行制作。

接下来，谈谈在 Flash 中利用椭圆工具绘制圆环图形的操作。在 Flash 中利用合并绘制模式，绘制圆环就很容易了。先绘制一个大圆，然后再其上用另外的填充颜色绘制一个小圆，把小圆去掉剩下的就是圆环了。画正圆的方法已经讲过，接下来的问题就是如何使得大圆和小圆能圆心同点，否则圆环就不匀称了，并且圆环的大小也不好控制。最简单的方法是，利用"Alt"键。在画正圆时，同时按住"Alt"键，这时所绘制的圆是以点击鼠标时的位置为圆心，拖动鼠标的距离为半径画圆，利用这样的方法就可以很容易地画同心圆，而且，圆环大小也可以随意控制，如图 2-23 所示。

在选择了"椭圆工具"后，通过"属性"面板修改一些绘图参数，如笔触样式等，可以使绘制出来的椭圆或正圆图形有各种独特的效果，如图 2-24 所示。

图 2-22 椭圆形处理的样子   图 2-23 同心圆绘制

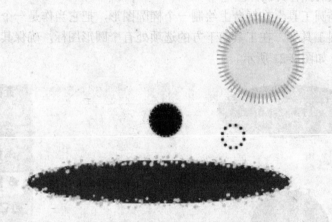

图 2-24 设置线型后绘制的椭圆及圆图形

2.2.3 矩形的绘制与处理

矩形工具可以绘制各种矩形和正方形。当选择了"矩形工具"，其笔触颜色、填充颜色、线型、线宽等都可在"属性"面板中修改。"矩形工具"的属性参数和"椭圆工具"的属性参数一样。绘制正方形时，只要按下"Shift"键，绘制的矩形图形就变成为正方形了。

利用"矩形工具"还可以绘制圆角的矩形。"矩形工具"中"圆角矩形"的角度可以这样设定：单击工具箱面板下部的"圆角矩形半径"按钮，弹出"矩形设置"对话框，如图 2-25 所示。

在其中的"边角半径"中填入数值，使矩形的边角呈圆弧状。如果值为零，则创建的是方角。也可以在舞台上拖动矩形工具时按住上下箭头键调整圆角半径。

单击"矩形工具"右下角的三角形，会出现"多角星形工具"。单击"多角星形工具"，在"属性"面板里可以设置多边形的边的数量和形状。在"属性"面板中单击"选项"按钮，会出现的"工具设置"对话框，如图 2-26 所示。

单击其中的"样式"下拉列表框，可以选择多边形和星形，并可以在"工具设置"对话框中定义多边形的边数，数值介于 3～32 之间。如图 2-27 所示为利用该工具绘制的图形。

接下来利用矩形工具画一间房子，练习一下绘图技巧，体验一下创作的快乐。

选取"矩形工具"，设置"笔触颜色"为黑色，单击"填充色"按钮，会出现颜色选择面板，单击右上角透明色按钮。然后在舞台上画两个矩形，上面的矩形作房顶，下面的矩形作房身，如图 2-28 所示。

34

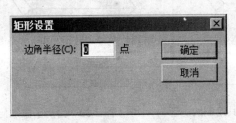

图 2-25　矩形边角半径设置　　　　　　　图 2-26　多边形工具样式设置

图 2-27　矩形、圆角矩形、五边形、五角星

用"选择工具"双击上面矩形的任一线段，将整个矩形选取，单击"任意变形工具"，将光标移至上边直线处，光标变成 ⇆ 形状，拖动鼠标，就会将这个矩形斜切成平形四边形，如图 2-29 所示。

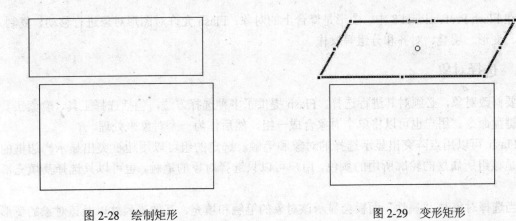

图 2-28　绘制矩形　　　　　　　　　　　图 2-29　变形矩形

用"线条工具"将两图形连接起来，如图 2-30 所示。

用"线条工具"画屋顶的侧面。注意，按住"Shift"键拖动可以将线条限制为倾斜 45°的倍数，所以，画房身的直线时，最好按住"Shift"键，如图 2-31 所示。

再画出门的形状，如图 2-32 所示。

画窗户。使用"椭圆工具"画出一个圆形，用"箭头工具"框选取下面一大半，按"Del"键删除所选部分，剩下上面的弧线。紧接着弧线画一长方形，如果不容易对准，可以使用"缩放工具"将画面放大。画好以后，双击放大镜工具就可以恢复原状了，如图 2-33 所示。

加直线画成窗格。在直线属性里将颜色改为浅蓝色，并增粗，如图 2-34 所示。

将画好的房子填充颜色，并去除多余的轮廓线，如图 2-35 所示。

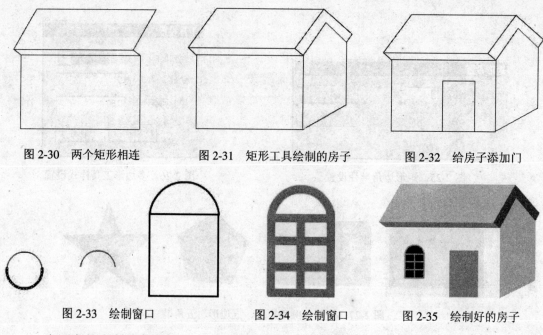

图 2-30 两个矩形相连　　　图 2-31 矩形工具绘制的房子　　　图 2-32 给房子添加门

图 2-33 绘制窗口　　　图 2-34 绘制窗口　　　图 2-35 绘制好的房子

一座漂亮的小房子就画好了，Flash 作图就是这么简单。

2.3　处理图形对象

在 Flash Professional 8 中，图形是舞台上的对象。Flash 允许对图形对象进行移动、复制、删除、变形、层叠、对齐和分组等操作。

2.3.1　选择对象

要修改对象，必须对其进行选择。Flash 提供了多种选择方法，包括选择工具、套索工具以及键盘命令。用户也可以将单个对象合成一组，然后作为一个对象来处理。

Flash 可以用点阵突出显示选择的对象和笔触。选定的组可以用边框突出显示，边框的颜色是该组所属层的轮廓所用的颜色。用户可以只选择对象的笔触，也可以只选择其填充部分。

当选择对象时，"属性"面板会显示该对象的笔触和填充、其像素尺寸以及该对象的变形点的 x 和 y 坐标。如果在舞台中选择了多个不同类型的对象，如图形、按钮和影片剪辑，"属性"面板会指明这是一个混合选择。对于混合选择，"属性"面板会显示所选对象组的像素尺寸以及 x 和 y 坐标。

1. 用选择工具选择对象

选择工具可以用来选择全部对象，具体操作方法如下：

(1) 要选择笔触、填充、组、实例或文本块时，先在工具箱中选择"选择工具"，然后单击该对象；

(2) 选择填充的图形及其笔触轮廓时，先选择"选择工具"，然后双击填充；

(3) 在矩形区域内选择对象时，先选择"选择工具"，然后再要选择的一个或多个对象周围拖画出一个选取框。必须将实例、组和文本块完全包含在选取框中才能选中它们。

Flash 允许向选择的对象集中添加内容，也可以修改选择内容。修改选择内容的方法如下：

(1) 向选择的对象集中添加内容，进行附加选择时，按住"Shift"键；

(2) 选择场景上的全部内容时，选择"编辑"→"全选"，或者按下"Ctrl+A"键。"全选"不会选中被锁定或被隐藏或者不在当前时间轴中的层上的对象；

(3) 取消选择的全部内容时，选择"编辑"→"取消选择"，或者按下"Ctrl+Shift+A"键；

(4) 在一个层上的关键帧之间选择内容时，单击时间轴中的关键帧。

2. 使用套索工具选择对象

使用套索工具及其"多边形模式"功能键可以通过勾画不规则或者直边选择区域的方法选择对象。

1) 通过勾画不规则选择区域选择对象

通过勾画不规则选择区域选择对象时，先选择套索工具，然后在区域周围拖画。在开始位置附近结束拖画，形成一个环，或者让 Flash 自动用直线闭合成环。如图 2-36 所示。

2) 通过勾画直边选择区域选择对象

通过勾画直边选择区域选择对象时，步骤如下：

(1) 选择套索工具，然后在工具箱的"选项"部分中选择"多边形模式"功能键；

(2) 单击设定起始点；

(3) 将指针放在第一条线要结束的地方，然后单击，继续设定其他线段的结束点；

(4) 要闭合选择区域，双击即可，被选部分如图 2-37 所示。

3) 使用"魔术棒工具"来选择对象上颜色相近的部分

使用"魔术棒"来选择对象上颜色相近的部分内容时，操作步骤如下：

(1) 选择"套索工具"，在选项部分选择"魔术棒"；

(2) 在舞台上要选择颜色附近单击鼠标，被选部分如图 2-38 所示。

图 2-36　直线闭合选取区域　　　　图 2-37　多边形模式选取区域　　　　图 2-38　魔术棒选取区域

使用"魔术棒"工具选择对象上颜色相近部分的大小与魔术棒属性有关，设置其属性的步骤如下：

(1) 单击魔术棒属性按钮，打开如图 2-39 所示的"魔术棒设置"对话框；

(2) 设置阈值，阈值越大，被选部分就越大。在"平滑"下拉列表中选择平滑选项来确定被选部分的边界情况。

图 2-39　魔术棒设置

2.3.2　改变线条和轮廓的形状

在 Flash 中，要改变用铅笔、刷子、线条、椭圆或矩形工具创建的线条和形状轮廓，可以使用"选择工具"进行拖动或优化它们的曲线，也可以使用"部分选取工具"来显示线条和形状轮廓上的点，并通过调整这些点来修改线条和轮廓。

1. 使用选择工具改变形状

使用"选择工具"拖动线条上的任意点，可以改变线条或轮廓的形状。如果拖动的任意点是线条终点，则可以延长或缩短该线条；如果拖动的任意点是转角点，则组成转角的线段在它们变长或缩短时仍保持伸直；在鼠标接近线条时，指针会发生变化，以指明在该线条或填充上可以执行哪种类型的形状改变。当转角出现在指针下面时，可以更改终点。

使用"选择工具"改变线条或轮廓形状的步骤如下：

(1) 选择"选择工具"；

(2) 执行以下操作之一：

① 从线段上的任意点拖动来改变其形状；

② 按住"Ctrl"键拖动线条来创建一个新的转角点。

2. 伸直和平滑线条

可通过伸直、平滑线条和形状轮廓来改变它们的形状，重复应用平滑和伸直操作可以使每条线段更平滑、更直。伸直操作可以稍稍弄直已经绘制的线条和曲线，它不影响已经伸直的线段。平滑操作使曲线柔和，减少曲线整体方向上的突起或其他变化。同时还会减少曲线中的线段数。不过，平滑只是相对的，它并不影响直线段。

对选定的填充轮廓或曲线进行伸直或平滑调整时，步骤如下：

(1) 选择"选择工具"，单击工具箱"选项"部分的"伸直"功能键或"平滑"功能键；

(2) 若进行伸直调整，则选择"修改"→"形状"→"伸直"，若进行平滑调整，则选择"修改"→"形状"→"平滑"。

3. 优化曲线

平滑曲线的另一种方法就是对其优化。该方法是通过减少用于定义这些元素的曲线数量来改进曲线和填充轮廓。优化曲线还会减少 Flash 文档和导出的 Flash 应用程序的大小。可以对同一元素多次进行优化。具体步骤如下：

(1) 选择要优化的已绘制元素，然后选择"选择"→"形状"→"优化"；

(2) 在"最优化曲线"对话框中，拖动"平滑"滑块以指定平滑程度，如图 2-40 所示；

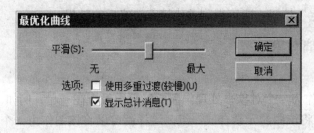

图 2-40　最优化曲线设置

(3) "使用多重过渡"可以使平滑处理重复进行，直到不能进一步优化为止，"显示总计消息"可以在平滑操作完成时显示一个指示优化程度的警告框；

(4) 单击"确定"按钮。

4. 将线条转换为填充

使用"将线条转换为填充"功能可将线条转换为填充，可以使用渐变填充线条或擦除一部分线条。这样做可能会使文件增大，但同时可以加快一些动画的绘制。操作步骤如下：

(1) 选择一条或多条线；

(2) 选择"修改"→"形状"→"将线条转换为填充"，选择的线条会转换成填充形状；

(3) 使用颜料桶工具可改变线条的色彩。

5. 扩展填充对象的形状

"扩展形状"和"柔化边缘"功能可以扩展填充图形，模糊图形边缘。对拥有过多细节的形状，使用"柔化边缘"功能会增大 Flash 文档和生成 SWF 文件。操作步骤如下：

(1) 选择一个填充形状；

(2) 选择"修改"→"形状"→"扩展填充"；

(3) 在如图 2-41 所示的"扩展填充"对话框中，输入"距离"的像素值，在"方向"区域选择"扩展"或"插入"单选项，"扩展"可以放大形状，"插入"则缩小形状；

(4) 单击"确定"按钮，即可得到扩展填充后的效果。

6. 柔化填充边缘

柔化填充边缘的操作步骤如下：

(1) 选择一个填充的图形形状；

(2) 选择"修改"→"形状"→"柔化填充边缘"，弹出"柔化填充边缘"对话框，如图 2-42 所示；

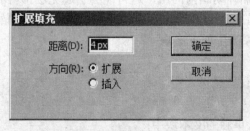

图 2-41　扩展填充设置

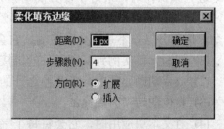

图 2-42　柔化填充边缘设置

(3) 在"柔化填充边缘"对话框中，"距离"用于确定柔边的宽度(以像素为单位)，"步骤数"用于控制柔边的效果的曲线数，步骤数越大，效果就越平滑，"扩展"或"插入"控制柔化边缘时形状是放大还是缩小；

(4) 单击"确定"按钮，即可得到柔化填充边缘后的效果。

2.3.3 组合与分离对象

1. 组合对象

要将多个元素作为一个对象来处理，需要将它们组合在一起。例如，创建了一幅图(如前面的房子)后，可以将该图的元素合成一组，这样就可以将该图作为一个整体来选择和移动。当选择某个组时，"属性"面板会显示该组的 x 和 y 坐标及其像素尺寸。可以对组进行编辑而不必取消其组合；也可以在组中选择单个对象进行编辑，而不必取消其组合。

1) 创建组

创建组的步骤如下：

(1) 从舞台上选择要组合的对象，可以选择形状、其他组、元件、文本等；

(2) 选择"修改"→"组合"，或者按下"Ctrl+G"键。

取消组合对象时，选择"修改"→"取消组合"，或者按下"Ctrl+Shift+G"键即可。

2) 编辑组或组中的对象

编辑组或组中的对象步骤如下：

(1) 在选择了组的情况下，选择"编辑"→"编辑所选项"，或用"选择工具"并双击该组，页面上不属于该组的部分都将变暗，表明它是不可访问的；

(2) 编辑该组中的任意元素；

(3) 选择"编辑"→"全部编辑"，或用"选择工具"双击舞台的空白处。

Flash 将组作为单个实体复原其状态，然后可以处理舞台中的其他元素。

2. 分离组合对象

要将组、实例和位图分离为单独的可编辑元素，可以使用"分离"命令，该命令可以极大地减小导入图形的文件大小。注意，不要将"分离"命令和"取消组合"命令混淆。"取消组合"命令可以将组合的对象分开，将组合元素返回到组合之前的状态，它不会分离位、实例或文字，或将文字转换成轮廓。分离操作是将图形由非流式结构变为流式结构，以方便对图形做变形处理。

分离组或对象的具体操作如下：

(1) 选择要分离的组、位图或元件；

(2) 选择"修改"→"分离"命令。

进行该操作时，最好不要分离动画元件或插补动画内的组，这可能会引起无法预料的结果，或是失去预先设置的动画效果。尽管可以在分离组或对象后立即选择"编辑"→"撤销"命令，但部分操作不是完全可逆的。它会对对象产生如下影响：

(1) 切断元件实例到其主元件的链接；

(2) 放弃动画元件中除当前帧之外的所有帧；

(3) 将位图转换为填充；

(4) 对文本块应用时，它会将每个字符放入单独的文本块中；

(5) 对单个文本字符应用时，它会将字符转换成轮廓。

2.3.4 移动、复制和删除对象

在 Flash 中，如果要移动对象，可以通过在舞台中拖动它们，或者剪切后再粘贴它们，也

可以使用箭头键移动它们，或者用"属性"面板为它们指定确切的位置，还可以用剪贴板在Flash和其他应用程序之间移动对象。移动对象时，"属性"面板会显示其新位置。

1. 移动对象

若要移动对象，可以使用选择工具拖动它，也可以使用键盘上的箭头键、"属性"面板或"信息"面板移动它。

1) 用选择工具拖动对象

用选择工具拖动对象的具体步骤如下：

(1) 选择一个或多个对象；

(2) 选择"选择工具"，将指针放在所选的对象上，然后将对象拖到新位置。要复制对象并移动副本，可以按住"Alt"键拖动。要使对象移动后偏转45°的倍数，可以按住"Shift"键拖动。

2) 用箭头键移动对象

用箭头键移动对象的具体步骤如下：

(1) 选择一个或多个对象；

(2) 按代表要移动的方向的箭头键，按一下移动一个像素，按下"Shift"键和箭头组合键，可以将选择的对象移动10个像素。

3) 用"属性"面板移动对象

用"属性"面板移动对象的具体步骤如下：

(1) 选择一个或多个对象；

(2) 如果看不到"属性"面板，选择"窗口"→"属性"；

(3) 输入所选对象左上角位置的 x 和 y 值，单位是相对于舞台左上角而言的。

4) 用"信息"面板移动对象

使用"信息"面板移动对象的具体步骤如下：

(1) 选择一个或多个对象；

(2) 如果看不到"信息"面板，选择"窗口"→"设计面板"→"信息"，弹出如图 2-43 所示的对话框；

(3) 输入所选对象左上角位置的 x 和 y 值，单位是相对于舞台左上角而言的。

2. 通过粘贴来移动和复制对象

如果需要在层、场景或其他 Flash 文件之间移动或复制对象，应使用粘贴技巧，可以将对象粘贴在相对于其原始位置的某个位置。

图 2-43　信息面板

具体步骤如下：

(1) 选择一个或多个对象；

(2) 选择"编辑"→"剪切"或"编辑"→"复制"；

(3) 选择其他层、场景或文件，然后选择"编辑"→"粘贴到当前位置"，将所选内容粘贴到相对于舞台的同一位置。

3. 使用剪贴板复制插图

Flash 允许将其他 Flash 文档或程序的图形粘贴在当前层的当前帧上。图形粘贴到 Flash 场景中的方式取决于图形的类型。具体方式如下：

(1) 来自文本编辑器的文本将变成单独的文本对象；

(2) 来自任何绘图程序的基于矢量图的图形变成可以取消组合的组，并且可以像任何其他 Flash 元素一样进行编辑。

4. 复制变形的对象

要缩放、旋转或倾斜创建对象，可以使用"变形"面板。具体步骤如下：

(1) 选择对象；

(2) 选择"窗口"→"设计面板"→"变形"；

(3) 输入缩放、旋转或倾斜值；

(4) 单击"变形"面板上的"复制并应用变形"按钮，即可完成变形对象的复制。

5. 删除对象

删除对象的具体操作步骤如下：

(1) 选择一个或多个对象；

(2) 执行以下操作之一：

① 按下"Del"键或"Backspace"键；

② 选择"编辑"→"清除"；

③ 选择"编辑"→"剪切"；

④ 右键单击该对象，然后从快捷菜单中选择"剪切"。

2.3.5 层叠对象

在同一层内，Flash 会根据对象的创建顺序层叠对象，将最新创建的对象放在最上面。画出的线条和形状总是在堆的组合元件的下面。若要将它们移动到堆的上面，必须组合它们或者将它们变成元件。

在任何时候都可以更改对象的层叠顺序，具体步骤如下：

(1) 选择对象；

(2) 执行以下操作之一：

① 选择"修改"→"排列"→"移至顶层"或"移至底层"，可以将对象或组移动到层叠顺序的最后或最前；

② 选择"修改"→"排列"→"上移一层"或"下移一层"，可以将对象或组在层叠顺序中向上或向下移动一个位置。

如果选择了多个组，这些组会移动到所有未选中的组的前面或后面，而这些组之间的相对顺序保持不变。

2.3.6 变形对象

使用"任意变形工具"或"修改"→"变形"子菜单中的选项，可以将图形对象、组、文本块和实例进行变形。在变形操作期间会显示一个矩形边框，变形手柄位于矩形的每个角和每个边的中点，如图 2-44 所示。

图 2-44 任意变形工具处理矩形

"任意变形工具"可以进行缩放、旋转、倾斜、扭曲、封套等操作，可以将所要编辑的图形形状做各种形状的编辑，并且非常方便。

在工具箱面板中选择了"任意变形工具"后，在下方选项区域中有 4 个功能键图标，分别为"旋转与倾斜"、"缩放"、"扭曲"、"封套"，对应使用后就可以对所选图形做这些处理了。

2.3.7 对齐对象

要将各个元素彼此自动对齐，可以使用对齐功能。Flash 提供了两种方法在舞台上对齐对象。

1. "对齐"面板

使用"对齐"面板能够沿水平方向或垂直方向轴对齐选定对象。可以沿选定对象的右边缘、中心或左边缘垂直对齐对象，或者沿选定对象的上边缘、中心或下边缘水平对齐对象。边缘由包含每个选定对象的边框决定。使用"对齐"面板可以将所选对象按照中心间距或边缘间距相等的方式进行分布，也可以调整所选对象的大小，使所有对象水平或垂直尺寸与所选最大对象的尺寸一致；还可以将所选对象与舞台对齐，对所选对象应用一个或多个"对齐"选项。

对齐对象的操作步骤如下：

(1) 选择要对齐的对象；

(2) 选择"窗口"→"设计面板"→"对齐"；

(3) 在如图 2-45 所示的"对齐"面板中，选择"相对于舞台"以应用相对于舞台尺寸的对齐修改；

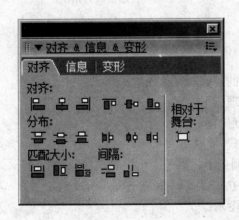

图 2-45 对齐面板

(4) 选择"对齐"按钮修改选定的对象。

2. 调整对象的对齐容差

使用"选择工具"或主要栏的"对齐"功能键，可以打开对齐对象功能。如果选择工具的"对齐"功能键是打开的，拖动元素时，指针下面会出现一个黑色的小环。当对象处于另一个对象的对齐距离内时，该小环会变大。对于要将形状与运动路径对齐从而制作动画的情况，该功能特别有用。

调整对象的贴紧对齐容差时，具体步骤如下：

(1) 选择"编辑"→"首选参数",如图 2-46 所示,在弹出的"首选参数"对话框中选择"绘画"类别;

(2) 调整"连接线"设置。

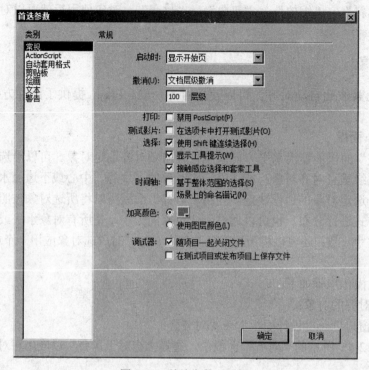

图 2-46 首选参数对话框

2.4 思考与制作题

(1) 区别三种绘图模式的异同和在绘图中的作用。

(2) 任意变形工具的处理图形方式。

(3) 矩形工具绘制的图形类型。

(4) 选择工具的选择方式。

(5) 练习在 Flash 中绘制兔子、狮子、小狗等一些动物的图形。

(6) 寻找一张图形,在 Flash 中做分割处理或变形处理。

(7) 练习绘制花草植物图形。

第3章 文 字 处 理

本章主要内容：

※ 关于 Flash Type
※ 关于字体轮廓和设备字体
※ 创建和处理文本对象
※ 编辑文本对象
※ 文本对象特效

在 Flash Professional 8 中，可以创建包含静态文本的文本块，也可以创建动态文本字段或输入文本字段。动态文本字段可以显示动态更新的文本，如学习成绩、游戏记分等。

输入文本字段允许用户为表单、调查表或其他目的输入文本。

与影片剪辑实例一样，文本字段实例也是具有属性和方法的动作脚本对象。通过为文本字段指定实例名称，可以用动作脚本控制它。但不能在文本实例中编写动作脚本代码，因为动作脚本中有一些动态输入文本字段事件，播放影片时可以捕获这些事件并触发脚本。

3.1 关于 Flash Type

Flash Type 是一个新的文本呈现引擎，可以在 Flash 创作环境和发布的 SWF 文件中呈现清晰的、高质量的文本。Flash Type 极大地改善了文本的可读性，尤其在使用较小字体呈现文本时。虽然 Flash Type 在 Flash Basic 8 和 Flash Professional 8 中都可使用，但新增的自定义消除锯齿选项只在 Flash Professional 8 中可用。

通过自定义消除锯齿，可以指定在各个文本字段中使用的字体粗细和字体清晰度。如果 Flash Player 8 是选定的 Flash Player 版本，并且"可读性消除锯齿"或"自定义消除锯齿"是所选的消除锯齿选项，则 Flash Type 消除锯齿应用于以下情况：

(1) 已缩放和旋转的未转换文本；
(2) 所有字体系列（包括粗体、斜体等）；
(3) 255 磅以下的显示大小；
(4) 导出为大多数非 Flash 文件格式（GIF 或 JPEG）时。

注意，在下列情况下，Flash Type 将被禁用：

(1) 选定的 Flash Player 版本是 Flash Player 7 或更低版本；
(2) 选择的消除锯齿选项不是"可读性消除锯齿"和"自定义消除锯齿"；
(3) 文本被倾斜或翻转；
(4) FLA 文件导出为 PNG 文件时。

使用 Flash Type 可能会导致加载 Flash SWF 文件时出现轻微的延迟。如果 Flash 文档的第一帧中使用了多个不同的字符集（4 或 5 个），这种延迟现象会尤为明显，因此请注意所使用的字体数量。Flash Type 字体呈现还可能会增加 Flash Player 的内存使用数量。如 4 或 5 种字体可增加 4MB 的使用内存。

3.2 关于字体轮廓和设备字体

3.2.1 关于使用字体轮廓

当发布或导出包含静态文本的 Flash 应用程序时，Flash 会创建文本的轮廓，并使用这些轮廓在 Flash Player 中显示文本。当发布或导出包含动态文本或输入文本字段的 Flash 应用程序时，Flash 会存储在创建文本时使用的字体名称。在显示 Flash 应用程序时，Flash Player 使用这些字体名称在使用者的系统上查找相同或类似的字体，也可以导出动态或输入文本的字体轮廓，方法是单击"属性"面板中的"字符"选项，然后选择相应的选项。

并不是所有显示在 Flash 中的字体都可以作为轮廓随 Flash 应用程序导出。要验证字体是否可以导出，可以使用"视图"→"预览模式"→"消除文字锯齿"命令预览文本；如果有锯齿，则表明 Flash 不能识别该字体轮廓，因而将不会导出文本。

3.2.2 关于使用设备字体

在 Flash 中，可以使用称作设备字体的特殊字体作为导出字体轮廓信息的一种替代方式，但这仅适用于静态水平文本。设备字体并不嵌入 Flash SWF 文件中。相反，Flash Player 会用本地计算机上的与设备字体最相近的字体来替换。因为并未嵌入字体信息，所以使用设备字体生成的 SWF 文件在大小上要小一些。此外，设备字体在小磅值（小于 10 磅）时比导出的字体轮廓更清晰，也更易读。但是，因为设备字体并未嵌入到文件中，所以如果使用者的系统中未安装与该设备字体对应的字体，文本看起来可能会与预料中的不同。

3.3 创建和处理文本对象

使用工具箱面板中的"文本工具"可以在舞台上创建各种类型的文本。在"属性"面板中指明要使用哪种类型的文本字段，并设置字体、颜色、字型等相关信息。创建文本可以放在单独的一行中，该行会随着键入的文本扩展，也可以放在定宽文本块（适用于水平文本）或定高文本块（适用于垂直文本）中，文本块会自动扩展并自动换行。

3.3.1 创建文本对象

在 Flash 的舞台上创建文本的具体步骤如下：

(1) 在工具箱面板中选择"文本工具"；

(2) 打开"属性"面板；

(3) 在"属性"面板中选择一种文本类型以指定文本字段类型，如图 3-1 所示；

(4) 如果选择的是"静态文本"，在"属性"面板中，可单击"文本方向"按钮，然后选择一个选项以指定该文本的方向，如图 3-2 所示，如果选择"动态文本"或"输入文本"时，"文本方向"按钮则不能使用；

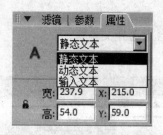

图 3-1　设置文本对象类型

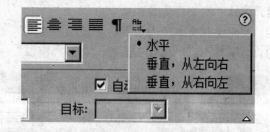

图 3-2　文字对齐方式

(5) 执行以下操作之一：

① 要创建在一行中扩展的静态水平文本，单击想让文本开始的地方，会在该文本块的右上角出现一个圆形手柄，如图 3-3 所示；

② 要创建有定义宽度的静态水平文本，将指针放在想让文本开始的地方，然后拖动到所需的宽度，会在该文本块的右上角出现一个方形手柄，如图 3-4 所示；

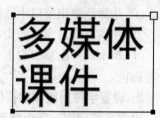

图 3-3　扩展静态文本

③ 要创建从左到右扩展的静态垂直文本，单击想让文本开始的地方，会在该文本块的右下角出现一个圆形手柄；

④ 要创建从左到右固定高度的静态垂直文本，将指针放在想让文本开始的地方，然后拖动到所需的宽度，会在该文本块的右下角出现一个方形手柄；

⑤ 要创建从右到左扩展的静态垂直文本，单击想让文本开始的地方，会在该文本块的左下角出现一个圆形手柄；

图 3-4　定义宽度静态文本

⑥ 要创建从右到左固定高度的静态垂直文本，将指针放在想让文本开始的地方，然后拖动到所需的宽度，会在该文本块的左下角出现一个方形手柄；

⑦ 在"属性"面板中，可以将扩展的静态水平文本转换为扩展的动态文本块或输入文本块，会在该文本块的右下角出现一个圆形手柄；

⑧ 创建具有定义宽度的动态文本或输入文本，将指针放在想让文本开始的地方，然后拖动到所需的宽度，会在该文本块的右下角出现一个方形手柄；

⑨ 在按住"Shift"键的同时双击动态文本字段或输入文本字段的手柄，圆形或方形手柄会变成实心黑块，固定了文本块的大小，并且在文本块中键入多于它可以显示的文本，从而创建了滚动文本。

(6) 若要更改文本块的尺寸，拖动它的手柄调整大小即可。若要在定宽或定高和扩展之间切换文本块，双击用于调整大小的手柄即可。

3.3.2　文本对象的属性设置

选择文本对象后，可以使用"属性"面板更改字体和段落属性，并指示 Flash 使用设备字体而不是嵌入的字体轮廓信息。创建新文本时，Flash 会使用当前文本属性。若要更改现有文本的字体或段落属性，必须先选择文本。

1. 设置字体、字号、样式和颜色

对所选文本对象进行字体、字号、样式和颜色的设置操作步骤如下：

(1) 选择"本文"工具；

(2) 要向现有文本应用设置，可使用"文本"工具在舞台上选择文本块；

(3) 如果看不到"属性"面板，选择"窗口"→"属性"，如图 3-5 所示；

图 3-5　文本对象的属性信息

(4) 在"属性"面板中，单击"字体"下拉列表框，从中选择一种字体，或输入字体名称；

(5) 单击"字号"设置旁边的三角形按钮，然后拖动滑块选择一个值，或者输入字体大小的值。注意，文本大小以磅值设置，与当前标尺单位无关；

(6) 要应用粗体或斜体样式，可单击粗体按钮或斜体按钮；

(7) 要为本文选择填充颜色，可单击颜色框，然后执行以下操作之一：

① 从颜色弹出窗口中选择一种颜色；

② 在颜色弹出窗口的文本框中键入颜色的十六进制值；

③ 单击该弹出窗口右上角的"颜色选择器"按钮，然后从系统的"颜色选择器"中选择一种颜色。

2. 设置字符间距和字符位置

设置字符间距、字距微调和字符位置操作的具体步骤如下：

(1) 选择"文本"工具；

(2) 要向现有文本应用设置，使用"文本"工具在舞台上选择文本块；

(3) 如果"属性"面板尚未显示出来，选择"窗口"→"属性"；

(4) 在"属性"面板中，设置下列选项：

① 如果要指定字符间距，单击"字符间距"值旁边的三角形，然后拖动滑块来选择一个数值，或在文本框中输入一个数字；

② 如果要指定字符位置，单击"字符位置"选项旁边的三角形，然后从该菜单中选择一个位置："一般"可以将文本放在基线上；"上标"可以将文本放在基线之上(水平文本)或基线的右边(垂直文本)；"下标"将文本放在基线之下(水平文本)或基线左边(垂直文本)，如图 3-6 所示。

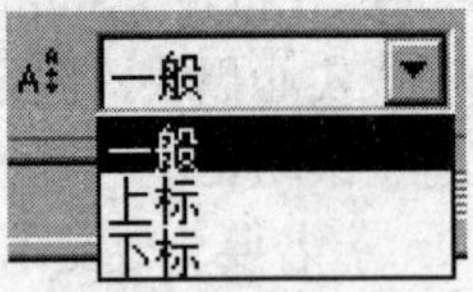

3. 设置对齐、边距、缩进和行距

设置对齐、边距、缩进和行距的具体操作步骤如下：

图 3-6　设置字符位置

(1) 选择"文本"工具；

(2) 如果要向现有文本应用设置，使用"文本"工具在舞台上选择文本块；

(3) 选择"窗口"→"属性"，可打开"属性"面板；

(4) 对齐方式确定了段落中每行文本相对于文本块边缘的位置，要设置对齐方式，可在"属性"面板中单击左对齐、居中、右对齐或两端对齐按钮；

(5) 在"属性"面板中，单击"编辑格式选项"按钮，打开"格式选项"面板，如图 3-7 所示。

48

① 对于水平文本，缩进将首行文本向右移动指定距离。对于垂直文本，缩进将首行文本向下移动指定距离。要指定缩进，可单击"缩进"值旁边的三角形，然后拖动滑块以选择一个值，或者在数字字段中输入一个值；

② 行距确定了段落中相邻行之间的距离。要指定行距，可单击"行距"值旁边的三角形，然后拖动滑块以选择一个值，或者在数字字段中输入一个值；

要设置左边距或右边距，可单击"左边距"或"右边距"值旁边的三角形，然后拖动滑块以选择一个值，或者在数字字段中输入一个值。

4. 锯齿文本和使用设备字体

在创建静态文本时，可以指定 Flash Player 使用设备字体来显示某些文本块。使用设备字体可以减小文档的文件大小，这是因为文档并不包含文本的字体轮廓；也可以在文本小于 10 磅时提高清晰度。使用设备字体的操作步骤如下：

(1) 从舞台选择包含想用设备字体显示其文本的文本块；

(2) 选择"窗口"→"属性"；

(3) 在"属性"面板中，从弹出菜单中选择"静态文本"；

(4) 在如图 3-8 所示的下拉列表框中选择"使用设备字体"；

(5) 利用其中的消除锯齿选项，可以更清楚地显示较小的文本。

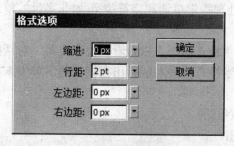

图 3-7　格式选项

图 3-8　关于锯齿文本和使用设备字体下拉列表框

3.3.3　设置动态文本和输入文本选项

在"属性"面板中，可以指定一些选项，这些选项可控制动态文本和输入文本在 Flash 应用程序中出现的方式。具体操作步骤如下：

(1) 在一个现有的动态文本字段中单击鼠标左键；

(2) 在"属性"面板中，确保弹出菜单中显示了动态或输入，并执行以下操作之一：

① 对于"实例名称"，输入该文本字段的实例名称；

② 锁定文本的高度、宽度和位置；

③ 选择字体类型和样式；

④ 在如图 3-9 所示的下拉列表框中，选择"多行"可以在多行中显示文本，选择"单行"可以在一行中显示文本，选择"多行不换行"则在多行中显示文本，但只在最后一个字符是换行字符(如回车键)时才会换行；

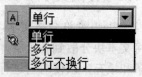

图 3-9　设置文本行数

⑤ 单击"将文本呈现为 HTML"按钮可以保留丰富的文本格式，如字体和超级链接，并带有相应的 HTML 标记；

⑥ 单击"显示边框"按钮可以为文本字段显示黑色边框和白色背景；

⑦ 对于"变量"，输入该文本字段的变量名称；

⑧ 单击"嵌入"按钮，打开"字符嵌入"对话框，在此可以为嵌入的字体轮廓选项选择字符。

3.4　编辑文本对象

Flash 允许使用最常用的文字处理技术编辑 Flash 中的文本，如可以使用"剪切"、"复制"和"粘贴"命令在 Flash 文件内以及在 Flash 和其他应用程序之间移动文本。

3.4.1　检查拼写

检查拼写功能可以在整个 Flash 文档中检查文本的拼写。选择"文本"→"拼写设置"，打开"拼写设置"对话框。可以使用"拼写设置"选择各种用于拼写检查的选项，具体操作如下：

(1) 选择"文档"选项以指定将检查 Flash 文档中的哪些元素，包括文本字段、场景和层名称、帧标签和注释及其他；

(2) 选择一本或多本在检查拼写时使用的内置字典；

(3) 创建包含自己添加的单词和短语的"个人字典"；

(4) 选择"检查选项"以指定在拼写检查时处理特定单词和字符类型(如非字母的单词、Internet 地址)的方式。

要使用"检查拼写"功能，选择"文本"→"检查拼写"以查看"检查拼写"对话框。它根据在"拼写设置"中所选的选项检查拼写。当检查拼写功能指出在指定的字典中未找到某个单词时，可以选择以下方式处理该单词：

① 更改所指出的单词或在所有地方出现的该单词；

② 选择建议的单词以用于更改所指出的单词；

③ 忽略所指出的单词或在所有地方出现的该单词；

④ 将所指出的单词添加到"个人字典"中；

⑤ 删除所指出的单词。

3.4.2　变形文本

在 Flash 中可以变形文本，如可以缩放、旋转、倾斜和翻转文本块以产生有趣的效果。在将文本块当作对象进行缩放时，磅值的增减不会反映在"属性"面板中。注意，已变形文本块中的文本仍然可以编辑。

3.4.3　分离文本

Flash 允许分离文本，将每个字符放在一个单独的文本块中。分离文本之后，就可以迅速将文本块分散到各个层，然后分别制作每个文本块的动画。还可以将文本转换为组成它的线条和填充，以便对它进行改变形状、擦除和其他操作。如同任何其他形状一样，可以单独将这些转换后的字符分组，或将它们更改为元件并制作为动画。将文本转换为线条和填充之后，就不能再编辑了。

分离文本的操作如下：

(1) 选择"选择工具"，然后单击文本块(其中包括多个字符)，如图 3-10 所示；

(2) 选择菜单"修改"→"分离"，被选定的文本中的每个字符会被放置在一个单独的文本块中，文本依然在舞台的同一位置上，选中各字符后单击鼠标右键，从弹出的菜单中选择"分散到图层"，可以将各字符块分散到各个层，如图 3-11 所示；

(3) 选中一个字符，再次选择"修改"→"分离"，将舞台上的字符转换为形状，可以用工具箱面板中的工具对其进行修改，如图 3-12 所示，转换为形状的文本对象，其实就是将字体轮廓信息变成流式的图形结构，这样可以用"任意变形工具"对其进行变形处理，以制作出独特的文字效果来。

图 3-10　选中文本对象　　　　图 3-11　分离成块文本对象　　图 3-12　字符转换为图形后的变形处理

3.5　文本对象特效

Flash Professional 8 新增了滤镜功能，较以前版本为文本对象增加了特效制作，提供了 7 种文字特效：投影、模糊、发光、斜角、渐变发光、渐变斜角和调整颜色。这些特效功能在"滤镜"面板中提供设置。如图 3-13 所示是"滤镜"面板。

图 3-13　滤镜面板

单击"加号"图标，将弹出一菜单，如图 3-14 所示。上面将列出 Flash Professional 8 提供的所有文本对象的滤镜功能。

图 3-14　滤镜特效内容

51

可以选择一个或多个滤镜来为文本对象制作特效，选择的滤镜将列表在下方的空白区域中。"加号"图标旁边的"减号"图标是用来删除所使用的滤镜，只要选中要删除的滤镜，再单击"减号"图标，就可以从列表中删除掉了。

3.5.1 投影滤镜

给文本对象设置投影滤镜的操作步骤如下：
(1) 选择舞台中创建的文本对象；
(2) 选择"窗口"→"属性"→"滤镜"打开滤镜面板；
(3) 点击"加号"图标，在弹出的菜单中选中"投影"；
(4) 在滤镜面板中设置相关参数，如图 3-15 所示。

图 3-15　滤镜投影参数设置

投影滤镜的参数有模糊、强度、品质、颜色、角度、距离、挖空、内侧阴影等。这些参数可以通过适当修改就能观看到选中文本对象的投影效果发生了变化。如图 3-16 所示为设置的对象效果。

图 3-16　设置了投影效果的文本对象

3.5.2 模糊滤镜

给文本对象设置模糊滤镜的操作步骤如下：
(1) 选择舞台中创建的文本对象；
(2) 选择"窗口"→"属性"→"滤镜"打开滤镜面板；
(3) 点击"加号"图标，在弹出的菜单中选中"模糊"；
(4) 在滤镜面板中设置相关参数，如图 3-17 所示。
所取得的文本对象效果如图 3-18 所示。

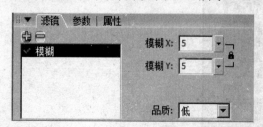 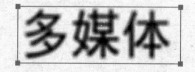

图 3-17　模糊效果参数设置　　　　图 3-18　设置了模糊效果的文本对象

3.5.3　发光滤镜

给文本对象设置发光滤镜的操作步骤如下：

(1) 选择舞台中创建的文本对象；

(2) 选择"窗口"→"属性"→"滤镜"打开滤镜面板；

(3) 点击"加号"图标，在弹出的菜单中选中"发光"；

(4) 在滤镜面板中设置相关参数，如图 3-19 所示。

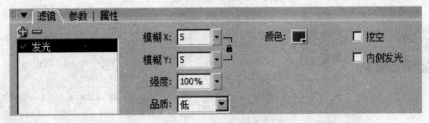

图 3-19　发光效果参数设置

所取得的文本对象效果如图 3-20 所示。

图 3-20　设置了发光效果的文本对象

3.5.4　斜角滤镜

给文本对象设置斜角滤镜的操作步骤如下：

(1) 选择舞台中创建的文本对象；

(2) 选择"窗口"→"属性"→"滤镜"打开滤镜面板；

(3) 点击"加号"图标，在弹出的菜单中选中"斜角"；

(4) 在滤镜面板中设置相关参数，如图 3-21 所示。

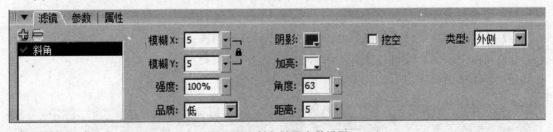

图 3-21　斜角效果参数设置

所取得的文本对象效果如图 3-22 所示。

图 3-22　设置了斜角效果的文本对象

3.5.5 渐变发光滤镜

给文本对象设置渐变发光滤镜的操作步骤如下：

(1) 选择舞台中创建的文本对象；

(2) 选择"窗口"→"属性"→"滤镜"打开滤镜面板；

(3) 点击"加号"图标，在弹出的菜单中选中"渐变发光"；

(4) 在滤镜面板中设置相关参数，如图 3-23 所示。

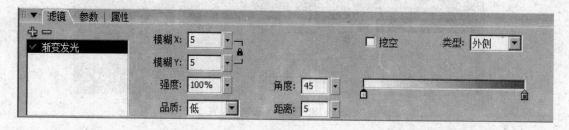

图 3-23　渐变发光参数设置

所取得的文本对象效果如图 3-24 所示。

图 3-24　设置了渐变发光效果的文本对象

3.5.6 渐变斜角滤镜

给文本对象设置渐变斜角滤镜的操作步骤如下：

(1) 选择舞台中创建的文本对象；

(2) 选择"窗口"→"属性"→"滤镜"打开滤镜面板；

(3) 点击"加号"图标，在弹出的菜单中选中"渐变斜角"；

(4) 在滤镜面板中设置相关参数，如图 3-25 所示。

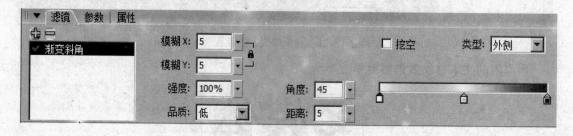

图 3-25　渐变斜角参数设置

所取得的文本对象效果如图 3-26 所示。

图 3-26　设置了渐变斜角效果的文本对象

3.5.7　调整颜色滤镜

给文本对象设置调整颜色滤镜的操作步骤如下：

(1) 选择要调整颜色的文本对象。

(2) 选择"窗口"→"属性"→"滤镜"打开滤镜面板。

(3) 点击"加号"图标，在弹出的菜单中选中"调整颜色"。

(4) 在滤镜面板中设置相关参数，如图 3-27 所示，拖动要调整的颜色属性的滑块，或者在相应的文本框中输入数值。属性和它们的对应值如下：

对比度：调整图像的加亮、阴影及中调。数值范围-100～100。

亮度：调整图像的亮度。数值范围-100～100。

饱和度：调整颜色的强度。数值范围-100～100。

色相：调整颜色的深浅。数值范围-180～180。

(5) 点击"重置"按钮，可以把所有的颜色调整重置为 0，使对象恢复原来的状态。

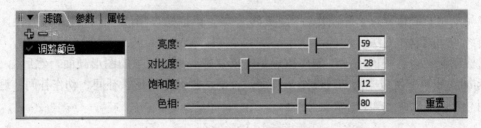

图 3-27　调整颜色参数设置

所取得的文本对象效果如图 3-28 所示。

图 3-28　设置了调整颜色效果的文本对象

3.6　思考与制作题

(1) 文本工具能创建几种类型的文本对象，分别有什么作用？

(2) 使用滤镜特效来创建艺术效果的文本对象。

(3) 文本对象向图形转换的方法。

(4) 使用滤镜制作文字特效处理。

第4章　Flash Professional 8 动画技术

本章主要内容：

※ 逐帧动画技术
※ 形状补间动画技术
※ 动作补间动画技术
※ 路径引导补间动画技术
※ 遮罩动画技术

使用 Flash Professional 8 的最终目的是创建动画。简单地说，动画就是图像的改变过程，是图形随时间改变的效果。动画可以是对象的形状、位置的改变，也可以是颜色、透明度等的改变。

按照制作方法和生成原理的不同，Flash Professional 8 可以创建的动画大致分为以下两类：

逐帧动画。制作原理是先制作好动画的每一帧，然后顺序播放，即产生动画效果，该方法是传统的动画制作方法。

过渡动画。也称补间动画，制作原理是先创建好若干关键帧的图形画面，然后由 Flash Professional 8 补充生成中间的过渡图形画面，补间动画又分为形状补间、动作补间、遮罩、路径引导补间等动画制作技术。

4.1　逐帧动画技术

4.1.1　时间轴的操作

在时间轴上逐帧绘制帧内容称为逐帧动画，由于是一帧一帧地画，所以逐帧动画具有非常大的灵活性，几乎可以表现任何想表现的内容。只要将相连两帧的内容在细节上做好处理，所有帧的内容在按时间顺序播放起来后，就能表现出动画效果了。Flash 中制作逐帧动画，就是要在时间轴线上逐次创建关键帧，并在每个关键帧中加入图形。时间轴线的操作将呈现出如图 4-1 所示的样子。

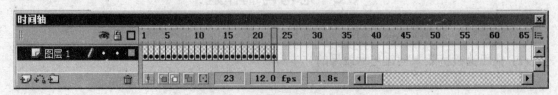

图 4-1　逐帧动画时间轴线编辑

有时为了控制动画表现的速度，关键帧之间要有一定的间隔，如反映慢动作时，可以把各个关键帧拉开一定的距离，这样如图 4-1 所示的动画时间长度将加大，播放延长，动画完成的速度就会变慢了。就像电影或电视中的慢镜头一样，速度快了时间就变短，而速度慢了时间就要变长。因此在利用逐帧动画技术设计动画时控制动画表现的快慢，要很好地操作时间轴线来设置关键帧的时间位置。

4.1.2　逐帧动画制作的方法

(1) 用导入的静态图片建立逐帧动画。用 JPG、PNG 等格式的静态图片连续导入 Flash 中，就会建立一段逐帧动画。

(2) 绘制矢量逐帧动画。用鼠标或压感笔在场景中一帧帧地画出帧内容。

(3) 文字逐帧动画。用文字做帧中的元件，实现文字跳跃、旋转等特效。

(4) 导入序列图像。可以导入 GIF 序列图像、SWF 动画文件或者利用第三方软件（如 Swish、Swift 3D 等）产生的动画序列。

4.1.3　逐帧动画的辅助工具

由于逐帧动画是要对序列关键帧进行帧内容的绘制，而 Flash 的舞台上一次只能看到一帧的内容，那么在各个关键帧中绘制的内容，安排在舞台上，定位是关键，否则动画播放起来，呈现的效果就很难看。为了能够方便在逐帧动画设计中，很好地对准各帧画面的内容，Flash 中提供了一些工具以同时显示多帧的内容在舞台上，方便编辑和调整帧内容的定位，如图 4-2 所示。

图 4-2 所显示的绘图纸外观、绘图纸外观轮廓、编辑多个帧这三个工具，可以将时间轴线上的相连帧的内容以重叠的方式显示在舞台上，这就为创作者方便地编辑或调整帧内容在舞台上的定位了。当单击了"绘图纸外观"图标按钮后，显示如图 4-3 所示的效果。

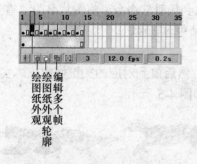

图 4-2　逐帧动画编辑的辅助功能

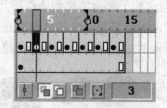

图 4-3　绘图纸外观功能

图 4-3 中单击了"绘图纸外观"按钮，时间滑块的帧标尺上多出一些标志图形，这一对图标所包含的帧范围是要求将这些帧的内容以重叠的方式显示在舞台，这时各帧内容在舞台上的位置如何，就能一目了然。对于那些定位不准的地方，就可以将时间滑块移动到该帧，然后再调整位置。时间轴线上的这一组图标可以用鼠标进行拖动，也就是说它们包含的帧范围是可以调节的。

4.1.4 逐帧动画实例

1. 奔跑的豹子

1) 创建影片文档

执行"文件"→"新建"菜单命令，在弹出的对话框中选择"常规"→"Flash 文档"，点击"确定"按钮，新建一个影片文档，在"属性"面板上设置文件大小为 400×260 像素，"背景色"为白色，如图 4-4 所示。

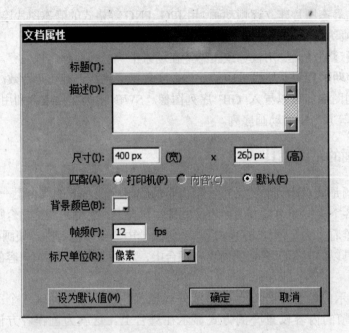

图 4-4　Flash 影片文档属性设置

2) 创建背景层

选择第一帧，执行"文件"→"导入"→"导入到场景"命令，将图片名为"雪景.png"的图片导入到场景中。在第 8 帧按 F5，加过渡帧使帧内容延续。

3) 创建豹子奔跑的序列动作图片

逐帧动画就是将对象的全过程进行按时间取样，然后放到对应的关键帧中。本实例要制作豹子奔跑的过程，可以将豹子奔跑的过程取样为如图 4-5 所示。

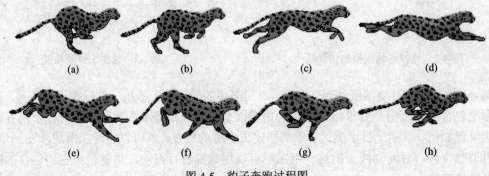

图 4-5　豹子奔跑过程图

图 4-5 取样了豹子奔跑的动作，只取了奔跑过程的八个关键动作，如果想表现地细致些，可以适当增加取样个数。取样越多当然反映动画的细节也就越好。

在时间轴线上增加一个新的图层，并加入八个空白关键帧，将图 4-5 所示的豹子奔跑的八个小图片对应地放置到时间轴线上增加的八个空白关键帧中，如图 4-6 所示。

4) 调整对象位置

此时，从左向右拉动时间滑块，就会看到一头勇猛的豹子在向前奔跑。不过这时也许会发现八帧画面的内容出现了位置错误，动画播放起来豹子跑得有点滑稽，接着我们就要利用"绘图纸"工具来调整八帧内容的定位了。

打开"绘图纸外观"按钮，将八帧的内容逐一调整好位置。接着打开"编辑多个帧"按钮，隐藏掉图层 1，执行菜单"编辑"→"全选"，将八帧的内容全选，用鼠标拖动它们到舞台上的恰当位置，如图 4-7 所示。

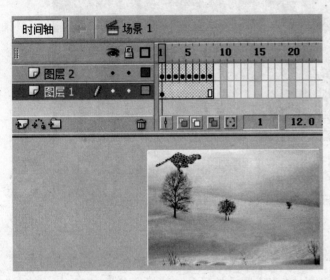

图 4-6　豹子奔跑的逐帧动画制作

图 4-7　利用逐帧动画辅助功能编辑豹子奔跑

5) 测试影片

所有操作完成后，执行菜单"控制"→"测试影片"，就会看到一只豹子在雪地上奔跑了。

不过这时的豹子只是原地奔跑，如何让它在雪地上真正跑动起来，读者可以试着修改本例。在后续的影片剪辑内容中，结合影片剪辑技术，会探讨让豹子真正跑动起来的简单制作技术。

2. 内燃机工作原理演示动画

制作过程和奔跑的豹子相同，其中的关键是将内燃机工作的全部过程，分为吸气、压缩、做功和换气几个阶段的描绘图片取样制作保存在一个目录里。内燃机工作过程的状态取样描述图如图 4-8 所示，共取样了 24 幅大小相同小图片，利用 Photoshop 或 Firework 图像处理软件，将这 24 幅小图片制作存放在一个固定目录里，图片的命名从 1 开始到 24。

1) 新建一个 Flash 文档

执行菜单"文件"→"新建"，在弹出的对话框中，选择"Flash 文档"，单击"确定"

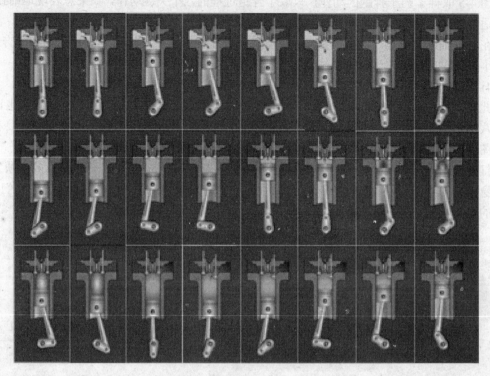

图 4-8　内燃机工作过程序列图

按钮，在 Flash 环境中创建了一个新的 Flash 文档。接着在"属性"面板中设置舞台大小为 400 ×300 像素。

2) 导入制作好的图片

选中图层 1 的第一帧，执行菜单"文件"→"导入"→"导入到舞台"，在弹出的"导入"对话框中，找到存放内燃机工作过程的 24 张小图片的目录，选择命名为 10001.png 的图片，单击"打开"按钮，接着就会出现一个提示框，如图 4-9 所示。

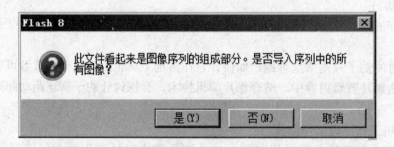

图 4-9　Flash 导入序列图对话框

因为在指定的目录里存放的图片就是序列动作的图像，因此，单击"是"按钮，将其他的图片一起添加到 Flash 中，并且 Flash 自动为加入的图像增加一个关键帧，也就是这个目录中包含了 24 张图片，在图层 1 的时间轴线上就自动完成 24 个关键帧。

提示：在 Flash 中利用逐帧动画技术制作动画，只要将序列图像制作好放在一个给定的目录里，添加到 Flash 后就自然水到渠成地完成一段逐帧动画的设计了，极为方便。

3) 移动或调整图像

刚导入的序列图像可能在舞台的任意位置，为了调整到合适的位置，打开"编辑多个帧"图标按钮，将时间轴线上的"绘图纸外观"范围调整为所有帧，执行菜单"编辑"→"全选"，之后就可以利用鼠标一起移动 24 帧的内容到舞台上的合适位置，如中间，如图 4-10 所示。

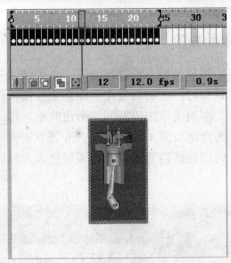

图 4-10　利用绘图纸外观功能编辑动画

4) 测试影片

关闭"编辑多个帧"图标按钮。执行菜单"控制"→"测试影片"，就可以看到内燃机工作的过程是怎样的了。

物理、化学、生物等很多学科中有很多现象，可以利用逐帧动画技术来演示抽象知识，为学生增加形象感。只要能将整个过程的序列图像制作出来，就可以借助 Flash 完成一段演示动画的制作了。

4.2　形状补间动画技术

形状补间动画是 Flash 中非常重要的表现手法之一，运用它，可以变幻出各种奇妙的不可思议的变形效果。通过创建形状补间动画，可以使一个形状随时间的变化而变成另一个形状，可以补间形状的位置、大小和颜色。

4.2.1　形状补间动画知识

在 Flash 的时间轴线上，在一个时间点即开始关键帧绘制一个对象的形状，然后在另一个时间点即结束关键帧更改该形状或绘制另一个形状，Flash 将根据二者之间的帧的值或形状来创建的动画被称为"形状补间动画"。

一次补间一个形状通常可以获得最佳效果。如果一次补间多个形状，则所有的形状必须在同一个层上。利用 Flash 的形状补间动画技术制作动画，开始关键帧和结束关键帧中包含的对象或图形，必须是被分离的图形，也就是前面讲过的流式结构的图形，如果无法判断某个图形是否为流式结构，可以使用工具箱面板中的"选择工具"试探，如果"选择工具"能够任意改变这个图形的形状，就说明是流式结构的图形，否则为非流式结构。

形状补间动画关键帧中的内容为分离的流式形状图形，如果不是这样的图形形状，则 Flash 的形状补间技术无法实现对象的形状渐变过程。如果碰到的图形对象为非流式结构的图形，则先选中该对象，执行菜单"修改"→"分离"，这样就可达到形状补间动画的要求了。文本工具创建的文本对象，需要执行两次分离操作，第一次分离分出单个字符，第二次分离则将字符分成流式图形形状。

4.2.2　形状补间动画技术的操作

在时间轴轴线上动画开始播放的地方创建或选择一个关键帧并设置一个对象的开始形状状态，一般一帧中以一个对象为好。在动画结束处即结束关键帧创建要变成的终止形状，再单击开始关键帧，在"属性"面板上单击"补间"旁边的小三角，在弹出的下拉列表中选择"形状"。此时，时间轴上的变化如图 4-11 所示，一个形状补间动画就创建完毕。

形状补间动画建好后，时间轴线的背景色变为淡绿色，在起始帧和结束帧之间有一个长长的箭头，如图 4-11 所示。

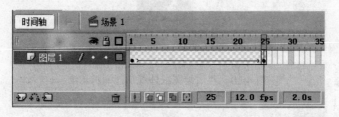

图 4-11　形状补间动画的时间轴线编辑情况

形状补间动画操作过程，不仅和时间轴线有关，"属性"面板也有重要的内容。在时间轴线上选择起始关键帧后，打开"属性"面板，如图 4-12 所示。

图 4-12　"帧"属性设置

"属性"面板中两个参数说明。

1) 缓动

(1) 在-100～1 的负值之间，动画运动的速度从慢到快，朝运动结束的方向加速度补间；

(2) 在 1～100 的正值之间，动画运动的速度从快到慢，朝运动结束的方向减慢补间；

(3) 默认情况下，补间帧之间的变化速率是不变的。

2) 混合

(1) "三角形"选项：创建的动画中间形状会保留有明显的角和直线，适合于具有锐化转角和直线的混合形状。

(2) "分布式"选项：创建的动画中间形状比较平滑和不规则。

4.2.3 形状补间动画实例

1. 庆祝国庆动漫设计

这个动漫效果要求画面上出现 4 个灯笼，从左到右，逐一地由灯笼变形出现"庆祝国庆" 4 个字。

1) 新建一个 Flash 文档

执行菜单"文件"→"新建"命令，在弹出的面板中选择"Flash 文档"选项后，点击"确定" 按钮，新建一个影片文档，在"属性"面板上设置文件大小为 400×330 像素，"背景色"为白色。

2) 加入背景图

在图层 1 中第一帧处导入名字为"烟花背景.png"的一幅图片作背景图，如图 4-13 所示。 在图层 1 的时间轴线 80 帧处，单击鼠标右键，在弹出的菜单中选择"插入帧"，使图层 1 的 有效帧为 80 帧。

图 4-13　背景图片

3) 制作灯笼和文字变形动画

增加一个新的图层——"图层 2"，在图层 2 的第 1 帧处绘制一个灯笼形状的对象。灯笼 的形状如图 4-14 所示。

灯笼形状由一个椭圆形、矩形和几根直线段构成，椭圆形填充 放射状渐变颜色，矩形填充线性渐变颜色。

在图层 2 的 15 帧处，单击鼠标右键，执行"插入空白关键帧"， 给图层 2 的 15 帧处加入一个空白的关键帧，在这一帧中利用"文 本工具"写入一个"庆"，字体为"黑体"，大小为 72，颜色为红 色。打开"绘图纸外观"按钮，调整好"庆"字和第 1 帧中的灯笼 的位置重合，关闭"绘图纸外观"。选中图层 2 第 15 帧，执行"修

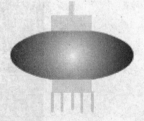

图 4-14　灯笼制作

改"→"分离"将"庆"字分离为流式图形形状。接着选中图层 2 第 1 帧，打开"属性"面 板设置补间为"形状"，最后在图层 2 的 80 帧处单击鼠标右键，执行"插入帧"，延长图层

2 的有效帧到 80 帧。第 1 个灯笼和"庆"的变形动画就做好了。

新增图层 3，将图层 2 的第 1 帧内容，复制粘贴到图层 3 的第 1 帧处，并改变图层 3 第 1 帧中的灯笼在舞台上的位置。在图层 3 的 21 帧处，单击鼠标右键，执行"插入关键帧"，在 35 帧处单击鼠标右键，执行"插入空白关键帧"，在这一帧中利用文本工具写入"祝"。图层 3 中制作第 2 个灯笼和"祝"字的变形动画，操作方法和图层 2 的相同。

新增图层 4，将图层 2 的第 1 帧内容，复制粘贴到图层 4 的第 1 帧处，并改变图层 4 第 1 帧中的灯笼在舞台上的位置。在图层 3 的 40 帧处，单击鼠标右键，执行"插入关键帧"，在 54 帧处单击鼠标右键，执行"插入空白关键帧"，在这一帧中利用文本工具写入"国"。图层 4 中制作第 3 个灯笼和"国"字的变形动画。

新增图层 5，将图层 2 的第 1 帧内容，复制粘贴到图层 5 的第 1 帧处，并改变图层 5 第 1 帧中的灯笼在舞台上的位置。在图层 5 的 59 帧处，单击鼠标右键，执行"插入关键帧"，在 73 帧处单击鼠标右键，执行"插入空白关键帧"，在这一帧中利用文本工具写入"庆"。图层 5 中制作第 4 个灯笼和"庆"字的变形动画。

完成后，5 个图层的时间轴线上的关键帧设置如图 4-15 所示。

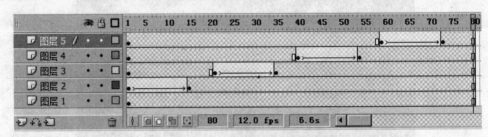

图 4-15　动画的时间轴线编辑情况

4) 测试影片

创建完成后动漫播放的效果如图 4-16 所示。

图 4-16　动画效果图

64

2. 汉字演变

中国的汉字从诞生到今天使用的简体字，已历经了几千年的演变，借助 Flash 的形状补间动画技术，可以将漫长的演变过程化为动画呈现在学生面前，让新一代领略我国文化的博大精深。下面就利用形状补间动画技术制作这一动画。

1) 新建一个 Flash 文档

执行"文件"→"新建"，选择"Flash 文档"，新建一个影片文件，在"属性"面板中使用默认影片文档参数。

2) 创建对象及动画

在图层管理器面板中增加两个图层：图层 1 和图层 2。在图层 2 第 1 帧中使用"文本工具"，字体为"黑体"，大小为 72，输入静态文本："甲骨文"，图层 1 的第 1 帧导入一幅甲骨文的图片，两个图层的内容安排如图 4-17 所示。选中图层 2 第 1 帧，打开"属性"面板，设置补间为"形状"。

分别对两个图层在第 10 帧处，单击鼠标右键，执行"插入关键帧"。选中图层 1 第 10 帧，导入大篆文的图片如图 4-18 所示。选中图层 2 第 10 帧，使用"文本工具"，字体为"黑体"，大小为 72，输入静态文本："大篆"。排列位置和第 1 帧一样，如图 4-18 所示。选中图层 2 第 1 帧，打开"属性"面板，设置补间为"形状"，一段动画就完成了。播放起来会看到"甲骨文"变为"大篆"的变形动画。利用相同的方法，在后续的帧中加入隶书、楷体的内容。这样整个动画就能反映出我国汉字演变过程了。时间轴线的编辑情况如图 4-19 所示。

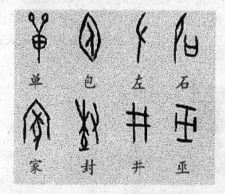

图 4-17　两个图层的内容布局

图 4-18　两个图层的内容布局

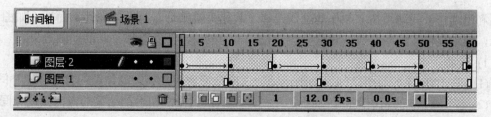

图 4-19　动画的时间轴线编辑情况

65

3) 测试影片

执行"控制"→"测试影片"，几个阶段的文字交替出现。

4.3 动作补间动画技术

4.3.1 动作补间动画知识

在 Flash 的时间轴线上，在一个时间点即起始关键帧，放置一个元件，然后在另一个时间点即结束关键帧，改变这个元件的大小、颜色、位置、透明度等，Flash 根据二者之间的帧值创建的动画被称为动作补间动画。

动作补间动画对前后两个关键帧中的设置的对象和形状补间动画中的要求截然不同，动作补间动画技术中要求的图形对象是非流式结构的图形，即 Flash 中所使用图形必须转换为图形元件或影片剪辑元件，方可利用动作补间技术进行动画制作。

动作补间动画只对单一的对象有效，如果要让多个对象同时运动起来，需要将这些元件分别放在不同的图层中来制作。也就是在 Flash 中一个运动的对象只能放在一个图层中完成，一个动画片断如果需要多个对象共同参与，那就要增加多个图层来为每一个运动的对象制作动画。这些对象协调好时间关系，它们一起运动时就能很好表现出所要的效果了。

动作补间动画的形式有位移、旋转、缩放、淡入淡出等。其中位移动画是指一个元件在两个关键帧中分别位于舞台的不同位置。

4.3.2 动作补间动画技术的操作

在时间轴轴线上动画开始播放的地方创建或选择一个关键帧并设置一个元件，一帧中只能放一个对象，在动画要结束的地方创建或选择一个关键帧并设置该元件的属性，再单击开始帧，在"属性"面板上单击"补间"旁边的"小三角"，在弹出的下拉列表中选择"动画"，或单击鼠标右键，在弹出的菜单中选择"创建补间动画"，就建立了"动作补间动画"。

动作补间动画建立后，时间轴线上的背景色变为淡蓝色，在起始关键帧和结束关键帧之间有一个长长的箭头，如图 4-20 所示。

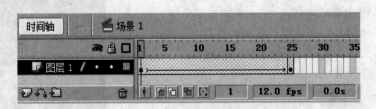

图 4-20　动作补间动画的时间轴线状态

利用动作补间动画技术制作动画，选择了起始关键帧后，打开"属性"面板，如图 4-21 所示，其中提供了一些参数，对这些参数设置不同的值，能够制作不同的动画效果。

1) 缓动

(1) 在−100～1 的负值之间，动画运动的速度从慢到快，朝运动结束的方向加速补间；

(2) 在 1～100 的正值之间，动画运动的速度从快到慢，朝运动结束的方向减慢补间；

(3) 默认情况下，补间帧之间的变化速率是不变的。

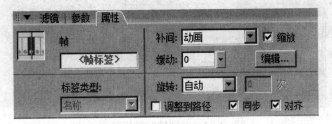

图 4-21　动画补间设置

2) 旋转

无(默认设置)：禁止元件旋转。

自动：可以使元件在需要最小动作的方向上旋转对象一次。

顺时针(CW)或"逆时针"(CCW)并在后面输入数字：可使元件在运动时顺时针或逆时针旋转相应的圈数。

3) "调整到路径"复选框

将补间元素的基线调整到运动路径，此项功能主要用于引导线运动。

4) "同步"复选框

使图形元件实例的动画和主时间轴同步。

5) "对齐"复选框

可以根据其注册点将补间元素附加到运动路径，此项功能主要也用于引导线运动。

4.3.3　动作补间动画实例

1. 水平匀速运动的球

1) 新建一个 Flash 文档

执行菜单"文件"→"新建"，选择"Flash 文档"，新建一个 Flash 影片文档，在"属性"面板中设置舞台大小为 550×400 像素，背景色为白色。

2) 建立对象

在图层 1 的第 1 帧中创建一个球体对象。选择"椭圆工具"，设置填充颜色为放射状的绿色，笔触颜色为绿色。按住"Shift"键，利用鼠标在舞台绘制一个球体对象，如图 4-22 所示。

接着从工具箱中选择"选择工具"，框选刚才所绘制的球体，执行菜单"修改"→"转换为元件"，在弹出的对话框中，为元件取个名称：球体，类型设为图形，如图 4-23 所示。

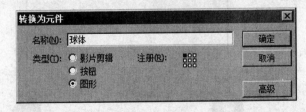

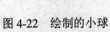

图 4-22　绘制的小球　　　　　　图 4-23　转换为元件

3) 利用动作补间技术制作动画

将球体移至舞台的最左边，在图层 1 的 20 帧处，单击鼠标右键，执行"插入关键帧"，并选中这一帧，用鼠标水平移动球体到舞台的右边。选择第 1 帧，打开"属性"面板，选择补间为"动画"。时间轴线上的形状如图 4-24 所示。

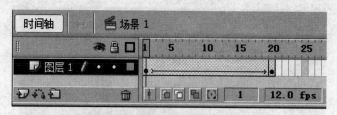

图 4-24 时间轴线编辑状态

4) 测试影片

执行"控制"→"测试影片",将观看到一个球体在水平线上作匀速运动。

2. 单摆运动动画

单摆运动是物理课程中的一种运动现象,下面介绍在 Flash 中制作单摆运动的动画制作。

1) 新建一个 Flash 文档

执行菜单"文件"→"新建",选择"Flash 文档",新建一个 Flash 影片文档,在"属性"面板中设置舞台大小为 550×400 像素,背景色为白色。

2) 绘制对象

在工具箱面板中选择"线条工具",笔触为蓝色,笔触高度设为 2,在图层 1 的第 1 帧中绘制一图形,如图 4-25 所示,以表示单摆运动的固定点。在第 40 帧处,单击鼠标右键,执行"插入帧",延长图层 1 的有效帧到 40 帧。

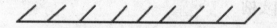

图 4-25 线条工具绘制的图形

新增加一个图层 2,选中图层 2 的第 1 帧,选择"椭圆工具",设置填充颜色为放射状的绿色,按住"Shift"键在舞台上绘制一个正圆,并使用"线条工具"在圆上绘出一直线段,如图 4-26 所示。

使用"选择工具"框选直线和圆,执行菜单"修改"→"转换为元件",将直线和圆转换为图形元件。设置好图层 1 和图层 2 中的对象的位置关系如图 2-27 所示。

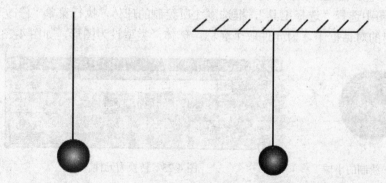

图 4-26 单摆图形   图 2-27 两个图层的图形布局

3) 制作动画

选中图层 2 第 1 帧,使用"任意变形工具",图层 2 的对象将出现如图 2-28 所示的形状。用鼠标将中心的白色圆点,移到上方中间的黑色方块处,这个白色圆点是对象旋转的转轴，把这个白色的圆点移动到上方就可以实现单摆了。

利用"任意变形工具"将图 2-28 的位置旋转为如图 2-29 所示的位置。在图层 2 的第 20 帧处，单击鼠标右键，执行"插入关键帧"，加入一个关键帧。再利用"任意变形工具"把图 2-29 的形状旋转为如图 2-30 所示的样子。

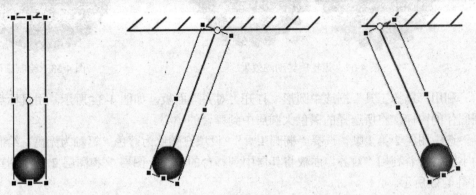

图 4-28　任意变形工具选中的状态　　　　图 4-29　旋转的状态　　　　图 4-30　向右旋转

在图层 2 的第 40 帧处再加入关键帧，并把第 1 帧复制粘贴到第 40 帧。分别选中第 1 帧和第 20 帧，在"属性"面板中设置补间为"动画"。这样一个单摆动画就完成了。单摆动画创建过程时间轴线的形状如图 4-31 所示。

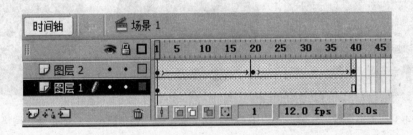

图 4-31　动画时间轴线的编辑状态

4）测试影片

执行"控制"→"测试影片"，就会看到球体在做单摆运动了。而且从左摆到右，又摆回到左。

3. 齿轮旋转动画

本例利用动作补间技术设计两个齿轮旋转的动画，如图 4-32 所示。

1）新建一个 Flash 文档

执行菜单"文件"→"新建"，选择"Flash 文档"，新建一个影片文档后，在"属性"面板中设置舞台大小为 400×300 像素，背景色为白色。接着在图层窗口中增加两个图层，分别为图层 1、图层 2。

2）创建齿轮对象

从工具箱面板中选择"椭圆工具"，填充颜色为黑色，笔触为无色，选中图层 1 的第 1 帧，按住"Shift"键在舞台上绘制一个合适的大圆，如图 4-33 所示。

图 4-32　齿轮旋转动画效果　　　　　　　　图 4-33　绘制圆形

利用"选择工具"框选中圆形，打开"对齐"面板，如图 4-34 所示。用鼠标点击红色圆圈圈住的图标，将所选择的黑色大圆居中到舞台的中心。

选中图层 2 第 1 帧，选择"椭圆工具"，设填充颜色为蓝色，笔触为无色，绘制一个合适的小圆，接着利用"对齐"面板将其居中到舞台的中心。图层 1 和图层 2 两个圆重叠的状态如图 4-35 所示。

利用"选择工具"选中蓝色的小圆，使用键盘上的"向上方向键"慢慢将蓝色小圆移动到黑色大圆的顶部，当蓝色小圆的圆心和黑色大圆的边缘重合时即可，如图 4-36 所示。

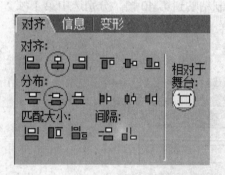

图 4-34　对齐面板　　　　图 4-35　两个图层的内容布局　　　图 4-36　调整小圆在上方

使用快捷键"Ctrl+C"复制蓝色小圆，执行"Ctrl+Shift+V"将复制的蓝色小圆粘贴在当前位置，利用"向下方向键"移动复制的蓝色小圆到黑色大圆的底部，也是圆心和黑色大圆的边缘重合即可，如图 4-37 所示。用鼠标单击图层 2 的第 1 帧，选中两个小圆。执行"Ctrl+C"和"Ctrl+Shift+V"，接着执行"修改"→"变形"→"顺时针旋转 90 度"，如图 4-38 所示。

图 4-37　复制小圆并放置在下方　　　　图 4-38　四个小圆的位置

再次点击图层 2 第 1 帧选中四个小圆，执行"Ctrl+C"和"Ctrl+Shift+V"，执行菜单"修改"→"变形"→"缩放和旋转"，弹出对话框，如图 4-39 所示。设置缩放为"100%"，旋转为"15 度"，单击"确定"按钮。

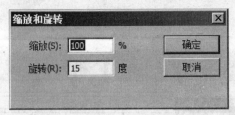

图 4-39　缩放和旋转设置对话框

重复执行"Ctrl+C"和"Ctrl+Shift+V"，"修改"→"变形"→"缩放和旋转"，操作 4 次，此后的图形如图 4-40 所示。

接着将图层 2 第 1 帧的内容全选，执行"编辑"→"剪切"，选中图层 2 第 1 帧，执行"编辑"→"粘贴到当前位置"，把图层 2 的全部小圆粘贴到大圆的边缘上，然后使用"选择工具"逐个选中小圆并删除它们，这时大圆剩余的部分就是一个齿轮的形状了，如图 4-41 所示。至此一个齿轮的形状就做好了。

图 4-40　大圆边缘布满的小圆　　　　　图 4-41　删除小圆后剩下的图形

3) 制作动画

使用"选择工具"将齿轮框选中，执行"修改"→"转换为元件"，将齿轮转换为图形元件。复制齿轮，并粘贴到图层 2 的第 1 帧中，将两个图层的齿轮调整好位置，并把图层 2 的齿轮利用"任意变形工具"旋转和图层 1 的齿轮错位，如图 4-42 所示。

图 4-42　两个齿轮的位置

分别对图层 1 和图层 2 在第 50 帧处，单击鼠标右键，选择"插入关键帧"。选择图层 1 第 1 帧，打开"属性"面板，设置补间为"动画"，旋转为"顺时针"。选择图层 2 第 1 帧，设置补间为"动画"，旋转为"逆时针"。这样动画设置就完成了。两个图层的时间轴线如图 4-43 所示。

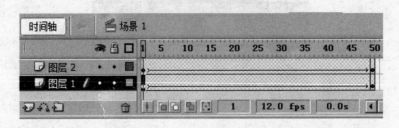

图 4-43　动画时间轴线编辑状态

4) 测试影片

执行"控制"→"测试影片"，两个大小一致的齿轮就转动起来了。

4.4　路径引导补间动画技术

动作补间动画技术实现的位移动画仅能是直线的，无法实现一些复杂的动画效果，有很多运动是弧线或不规则的，如月亮围绕地球旋转、鱼儿在大海里遨游等，在 Flash 中能不能做出这种效果呢？这就是 Flash 中另外一种动画制作技术——路径引导补间动画技术。

4.4.1　路径引导补间动画知识

将一个或多个层链接到一个运动引导层，使一个或多个对象沿同一条路径运动的动画形式被称为"路径引导动画"。这种动画可以使一个或多个元件完成曲线或不规则运动。

路径引导动画通过引导层来实现，引导图层也是 Flash 动画创作中常用的一种图层，它主要用来绘制对象的轨迹，并对其下面的图层起引导作用。如果要实现对象沿某个路径移动，就需要用到引导图层。

引导层有普通引导层和运动引导层之分，不同的引导层的作用是不同的。

普通引导层起辅助绘图和绘图定位的作用，其标志是在名称的左侧有一个小斧头。运动引导层可以设置对象的运动路径，其标志是名称左侧有一个曲线。此外，运动引导层的命名是在所引导的图层名称前增加"引导层"三个字。普通引导层与运动引导层的区别如图 4-44 所示。

图 4-44　路径引导动画使用的图层

72

4.4.2　路径引导补间动画的操作

1. 创建引导层和被引导层

一个最基本"路径引导动画"由两个图层组成，上面一层是"运动引导层"，它的图层图标为 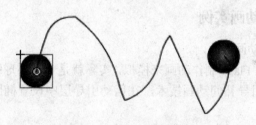，下面一层是"被引导层"，图标 同普通图层一样。在普通图层上点击时间轴面板的"添加引导层"按钮 ，该层的上面就会添加一个引导层 ，同时该普通层缩进成为"被引导层"，如图 4-44 所示。

2. 引导层和被引导层中的对象

引导层是用来指示元件运行路径的，所以"引导层"中的内容可以是用钢笔、铅笔、线条、椭圆工具、矩形工具或画笔工具等绘制出的线段。

而"被引导层"中的对象是跟着引导线走的，可以使用影片剪辑、图形元件、按钮、文字等，但不能应用流式结构的图形形状。

由于引导线是一种运动轨迹，不难想象，"被引导"层中最常用的动画形式是动作补间动画，当播放动画时，一个或数个元件将沿着运动路径移动。

3. 向被引导层中添加元件

"路径引导动画"最基本的操作就是使一个运动动画"附着"在"引导线"上。所以操作时特别要注意"引导线"的两端，被引导的对象起点和终点的两个"中心点"一定要对准"引导线"的两个端头，如图 4-45 所示，这是至关重要的，否则动画补间就无法完成动画生成了。

图 4-45　路径引导动画的设置

4. 应用引导路径动画的技巧

(1) "被引导层"中的对象在被引导运动时，还可做更细致的设置，如运动方向，把"属性"面板上的"路径调整"前打上勾，对象的基线就会调整到运动路径。而如果在"对齐"前打勾，元件的中心点就会与运动路径对齐。

(2) 引导层中的内容在播放时是看不见的，利用这一特点，可以单独定义一个不含"被引导层"的"引导层"，该引导层中可以放置一些文字说明、元件位置参考等，此时，引导层的图标为"斧头"。

(3) 在做引导路径动画时，按下工具栏上的"对齐对象"功能按钮，可以使"对象附着于引导线"的操作更容易成功。

(4) 过于陡峭的引导线可能使引导动画失败，而平滑圆润的线段有利于引导动画成功制作。

(5) 被引导对象的中心对齐场景中的十字星，也有助于引导动画的成功。

(6) 向被引导层中放入元件时，在动画开始和结束的关键帧上，一定要让元件的注册点对准线段的开始和结束的端点，否则无法引导，如果元件为不规则形状，可以按下工具栏上的

"任意变形工具"，调整注册点。

(7) 如果想解除引导，可以把被引导层拖离"引导层"，或在图层区的引导层上单击右键，在弹出的菜单上选择"属性"，在对话框中选择"一般"作为图层类型，如图 4-46 所示。

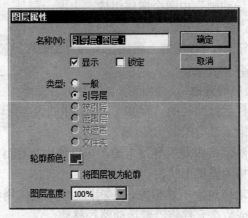

图 4-46　图层属性对话框

(8) 如果想让对象做圆周运动，可以在"引导层"画个圆形线条，再用橡皮擦去一小段，使圆形线段出现两个端点，再把对象的起始、终点分别对准端点即可。

(9) 引导线允许重叠，如螺旋状引导线，但在重叠处的线段必需保持圆润，让 Flash 能辨认出线段走向，否则会使引导失败。

4.4.3　路径引导补间动画实例

1. 地球绕太阳公转动画

地球绕太阳公转，用 Flash 制作动画来模拟，实际就是一个小球绕一个大球做沿椭圆轨迹运动的动画。利用路径引导补间动画技术，在运动引导层中设置椭圆轨迹，将运动的小球设置在轨迹上就能实现了。

1) 新建一个 Flash 文档

执行菜单"文件"→"新建"，选择"Flash 文档"，建立一个新的影片文档，在"属性"面板中设置舞台大小为 500×400 像素，背景色为白色。

2) 创建对象

在图层管理面板中创建两个普通图层和一个运动引导，如图 4-47 所示。并安排好这些图层的位置关系，如图 4-47 中的位置。

选中图层 1 第 1 帧，利用"椭圆工具"绘制一个大球体，如图 4-48 所示，表示太阳星体。并使用"选择工具"框选中，执行"修改"→"转换为元件"将太阳星体转换为图形元件。

图 4-47　普通图层和引导层

图 4-48　绘制的大球体

选中图层 2 的第 1 帧，利用"椭圆工具"绘制一个蓝色放射状渐变的小球体代表地球星体，并将其转换为图形元件。两个图层的图形放置如图 4-49 所示。

选中引导层的第 1 帧，利用"椭圆工具"绘制一个椭圆，笔触为绿色，并将填充部分删除。调整好 3 个图层的图形位置，如图 4-50 所示。

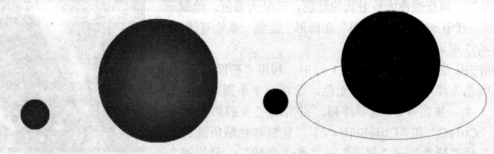

图 4-49　两个图层内容的布局　　　　　　图 4-50　3 个图层内容的布局

3）制作动画

选中引导层第 1 帧，选择"橡皮擦工具"将引导层中的椭圆曲线的任意位置切断一小口，用作引导线的起始点和结束点。在图层 2 的第 50 帧处，单击鼠标右键，执行"插入关键帧"。在图层 1 的第 50 帧处，单击鼠标右键，执行"插入帧"。同样引导层也在 50帧处"插入帧"。

选中图层 2 的第 1 帧，把蓝色小球移到轨迹线的一端，中心必须和轨迹线的端头重合，选中第 50 帧，把蓝色小球移到轨迹线的另一端，中心也必须和轨迹线的端头重合。如图 4-51所示。

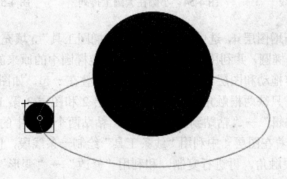

图 4-51　设置小球在轨迹线上的位置

选中图层 2 第 1 帧，打开"属性"面板，设置补间为"动画"。至此动画制作完成。

4）测试影片

执行"控制"→"测试影片"，地球绕太阳公转的动画效果就展现出来了。

2. 爬行的瓢虫

本例设计一个瓢虫在树叶上漫无目的地爬行，学习路径引导补间动画技术中的调整对象沿路径正方向运动的内容。

1）新建一个 Flash 文档

执行菜单"文件"→"新建"，选择"Flash 文档"，建立一个新的影片文档。在"属性"面板中设置舞台大小为 500×400 像素，背景色为白色。导入背景图片到图层 1 的第 1 帧中，如图 4-52 所示。如果背景图片和舞台不一样大, 可以利用"任意变形工具"改变其大小和舞台一致。

2) 创作瓢虫图形

隐藏图层 1, 增加图层 2, 在图层 2 的第 1 帧中, 利用"椭圆工具", 填充颜色为放射状的红色, 笔触为黑色, 绘制一个大圆, 接着选择"线条工具"在圆形上绘制一条垂直线段, 如图 4-53 所示。

增加图层 3, 在图层 3 第 1 帧中, 利用"椭圆工具", 填充颜色为淡灰色, 笔触为无色, 绘制一个小圆, 接着复制出 3 个, 按图 4-54 所示排列。点击图层 3 的第 1 帧, 执行"Ctrl+C"和"Ctrl+Shift+V", 复制和粘贴所选的小圆, 执行"修改"→"变形"→"水平翻转", 利用键盘上的"右向方向键"移动复制的图形, 如图 4-55 所示的位置。

图 4-52　动画背景图

　　　　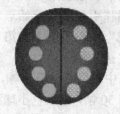

图 4-53　圆和直线　　　图 4-54　小圆在大圆上排列　　　图 4-55　复制出来的小圆

在图层 2 的下方新增图层 4, 选中第 1 帧, 利用"椭圆工具", 填充颜色为放射状的灰度, 笔触为无色, 绘制一个椭圆, 并利用"颜料桶工具"确定椭圆中的原来的光亮位置, 如图 4-56 所示。将图层 4 的内容拖动和图层 2 及图层 3 的图形重叠在一起, 如图 4-57 所示。这时图形已经接近瓢虫的形状, 只缺两根触角了。分别选中图层 2 和图层 3 第 1 帧的内容, 执行"编辑"→"剪切"和"编辑"→"粘贴到当前位置", 粘贴两个图层中的内容到图层 4 中, 删除图层 2 和图层 3。接着在图层 4 中利用"线条工具"绘制一条线段, 使用"选择工具"做扭曲处理制作瓢虫的一根触角, 再进行复制, 和利用"修改"→"变形"→"水平翻转", 制作出第二条触角来, 如图 4-58 所示。

将触角套到瓢虫的头部, 一个瓢虫就制作完成了。利用"选择工具"将瓢虫框选中, 执行"修改"→"转换为元件", 将其转换为图形元件, 如图 4-59 所示。

图 4-56　椭圆形　　　图 4-57　3 个图层内容的布局　　　图 4-58　瓢虫触角　　　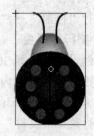

图 4-59　绘制好的瓢虫

3) 制作动画

显示图层 1，隐藏图层 4，在图层 4 上添加运动加引导层，并在第 1 帧中，使用"铅笔工具"任意绘制出瓢虫爬行的轨迹线来，如图 4-60 所示。

显示图层 4，利用"任意变形工具"把瓢虫缩到大小合适的样子。在图层 4 的 80 帧处，单击鼠标右键，执行"插入关键帧"，图层 1 和引导层在 80 帧处执行"插入帧"。选择图层 4 的第 1 帧，把瓢虫移至曲线的端点处，中心和端点重合，并利用"任意变形工具"将瓢虫头部旋转为和曲线一致的方向；选择 80 帧，把瓢虫移至曲线的另一端点处，中心和端点重合，利用"任意变形工具"把瓢虫旋转为头朝曲线外，如图 4-61 所示。

 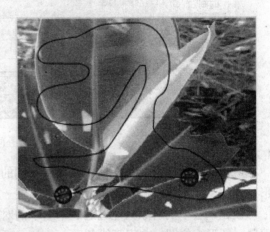

图 4-60 绘制轨迹线   图 4-61 开始帧和结束帧瓢虫的状态设置

接着选择图层 4 的第 1 帧，打开"属性"面板，设置补间为"动画"，钩选上"调整到路径"。至此动画制作完成。

4) 测试影片

执行"控制" → "测试影片"，一只漫无目的的瓢虫就在树叶上爬行了。

4.5 遮罩动画技术

4.5.1 遮罩动画技术知识

遮罩在 Flash 的动画制作中是一种非常有用的技术，并且能制作出很多绚丽的动画效果来，如百叶窗、放大镜等效果。遮罩在 Flash 中实际上是利用一个图层去遮挡下面图层的内容，使其产生一种特殊的效果。在 Flash Professional 8 动画中，"遮罩"主要有两种作用，一个作用是用在整个场景或一个特定区域，使场景外的对象或特定区域外的对象不可见，另一个作用是用来遮罩住某一元件的一部分，从而实现一些特殊的效果。

Flash 中的遮罩就是将普通图层设置为遮罩层即可，被设置为遮罩的图层就可以对它下面的图层起作用了。在遮罩图层中，任何填充区域都是完全透明的，而任何非填充区域都是不透明的。而且 Flash 不考虑遮罩层中的位图、渐变色、透明、颜色和线条样式。用户可以为遮罩图层上的图形编辑动态效果来得到变幻无穷的效果。使用制作好的影片剪辑作为遮罩图层，也将会制作出变幻莫测的动画来。

4.5.2 遮罩动画技术的操作

在 Flash Professional 8 中没有一个专门的按钮来创建遮罩层，遮罩层其实是由普通图层转化的。只要在要某个图层上单击鼠标右键，在弹出菜单中把"遮罩"前打个勾，该图层就会生成遮罩层，"层图标"就会从普通层图标变为遮罩层图标，系统会自动把遮罩层下面的一层关联为"被遮罩层"，在缩进的同时图标变为 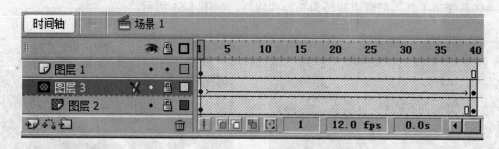，如果想关联更多层被遮罩，只要把这些层拖到被遮罩层下面即可，如图 4-62 所示。

图 4-62　遮罩补间动画的编辑状态

遮罩层中的图形对象在播放时是看不到的，遮罩层中的内容可以是按钮、影片剪辑、图形、位图、文字等，但不能使用线条，如果一定要用线条，可以将线条转化为"填充"。

被遮罩层中的对象只能透过遮罩层中的对象被看到。在被遮罩层，可以使用按钮、影片剪辑、图形、位图、文字、线条。

可以在遮罩层、被遮罩层中分别或同时使用形状补间动画、动作补间动画、引导线动画等动画手段，从而使遮罩动画变成一个可以施展无限想象力的创作空间。

应用遮罩时需要注意的技巧：

(1) 遮罩层的基本原理是，能够透过该图层中的对象看到"被遮罩层"中的对象及其属性(包括它们的变形效果)，但是遮罩层中的对象中的许多属性如渐变色、透明度、颜色和线条样式等却是被忽略的，如不能通过遮罩层的渐变色来实现被遮罩层的渐变色变化；

(2) 要在场景中显示遮罩效果，可以锁定遮罩层和被遮罩层；

(3) 可以用"AS"动作语句建立遮罩，但这种情况下只能有一个"被遮罩层"，同时，不能设置_alpha 属性；

(4) 不能用一个遮罩层试图遮蔽另一个遮罩层；

(5) 遮罩可以应用在 GIF 动画上；

(6) 在被遮罩层中不能放置动态文本；

(7) 在制作过程中，遮罩层经常挡住下层的元件，影响视线，无法编辑，可以按下遮罩层时间轴面板的显示图层轮廓按钮□，使之变成■，使遮罩层只显示边框形状，在这种情况下，还可以拖动边框调整遮罩图形的外形和位置。

4.5.3 遮罩动画实例

1. 闪闪的红星

本例利用遮罩技术制作一个五角星闪闪发出耀眼的光芒。这里遮罩层中还使用了动作补间动画技术制作遮罩层的动画。五角星之所以能够发出耀眼的光芒，靠的就是遮罩层的旋转对象来体现的。

1) 新建一个 Flash 文档

执行"文件"→"新建",选择"Flash 文档",在"属性"面板中设置舞台大小为 400×300 像素,背景色为深绿色。

2) 制作五角星

选择"多角星形工具",填充颜色和笔触均为红色,在"属性"面板中,单击"选项"按钮,在弹出的对话框中设置样式为"星形",边数为 5,如图 4-63 所示。

在舞台上绘制出一个五角星,利用"线条工具"勾画出里面的结构以体现出立体。利用"颜料桶工具"填充放射状红色,如图 4-64 所示。使用"选择工具"框选五角星,将其转换为图形元件。

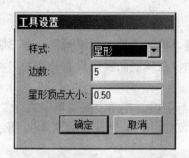

图 4-63　多角星形设置　　　　　　　　图 4-64　五角星

3) 制作遮罩层的图形

新增图层 2,隐藏图层 1。在图层 2 第 1 帧中使用"线条工具","属性"面板中设置笔触高度为 3,颜色为黄色,绘制一条直线段。使用"任意变形工具"将直线段的中心圆点拖动为如图 4-65 所示的位置。

执行菜单"窗口"→"变形",打开"变形"面板,在面板中设置旋转为"15 度",如图 4-66 所示。并单击红色圈中的按钮,将直线段复制并旋转 15 度粘贴出另一条线段。单击该按钮直到复制出的图形为图 4-67 所示的图形为止。

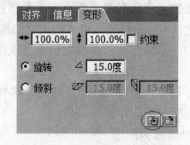

图 4-65　绘制线条并复制　　　　　　图 4-66　变形面板

使用"选择工具"将该图形框选中,执行菜单"修改"→"形状"→"将线条转换为填充",并将其转换为图形元件。

新增图层 3,将图层 2 中的图形复制一个粘贴到图层 3 中,执行菜单"修改"→"变形"→"水平翻转",将图层 3 中的图形改变线条的走向和图层 2 中的相反,如图 4-68 所示。

79

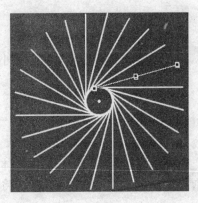

图 4-67　使用旋转复制得到的图形

图 4-68　翻转的图形

4) 制作动画

显示图层 1，在图层 3 的 80 帧处单击鼠标右键，执行"插入关键帧"。在图层 1 和图层 2 的 80 帧处执行"插入帧"。选中图层 3 的第 1 帧，在属性面板中设置补间为"动画"，旋转为"顺时针"。

拖动图层 1 到图层 3 上方。在图层 3 上单击鼠标右键，在弹出的菜单中执行"遮罩层"，至此一个五角星发出闪闪光芒的动画就完成了。时间轴线的编辑状态如图 4-69 所示。

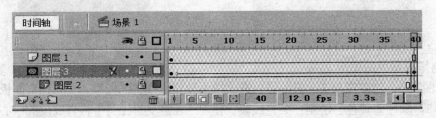

图 4-69　时间轴线编辑状态

5) 测试影片

执行"控制"→"测试影片"，五角星发出的光芒如图 4-70 所示。

2. 放大镜效果动画

在生物课中我们都常常惊叹于显微镜下观察到的细胞结构。教师在课堂上讲解生物的细胞结构时，不可能将显微镜下放大的细胞体呈现给学生观看，利用 Flash 来制作一个被放大的细胞结构，将微观的东西放大起来呈现出来。

1) 新建一个 Flash 文档

执行菜单"文件"→"新建"，选择"Flash 文档"，新建一个影片文件，在"属性"面板中使用默认的影片属性信息。

2) 处理细胞图形

在图层 1 的第 1 帧中导入一张准备好的细胞结构图片，如图 4-71 所示。如果图片过大，可以使用"任意变形工具"适当缩小些。

新建图层 2，把图层 1 的第 1 帧中的图片复制一个到图层 2 的第 1 帧中，并把图片使用"任意变形工具"缩放到和舞台一致。

新建图层 3，在图层 3 的第 1 帧中，利用"椭圆工具"，填充颜色为黑色，笔触为黑色，绘制一个正圆，并转换为图形元件，拖动圆放在舞台的左边上。

图 4-70　动画效果图

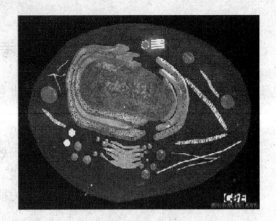

图 4-71　背景图

3）制作动画

在图层 3 的第 50 帧处，单击鼠标右键，执行"插入关键帧"，选中第 50 帧，用鼠标拖动圆形到舞台的右边上。图层 3 是用来制作正圆从左向右做直线运动的。在图层 1 和图层 2 的第 50 帧处单击鼠标右键，执行"插入帧"。选中图层 3 第 1 帧，打开"属性"面板，设置补间为"动画"。在图层 3 上单击鼠标右键，执行"遮罩层"，将图层 3 设为遮罩层。至此动画制作完成，3 个图层的设置情况如图 4-72 所示。

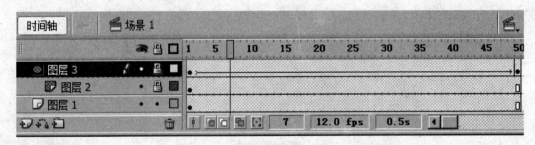

图 4-72　时间轴线编辑状态

4）测试影片

执行"控制"→"测试影片"，动画播放起来，在圆形的放大镜滚过的地方都会看到圆内显示的图片比外部的图片大了许多。动画效果如图 4-73 所示。

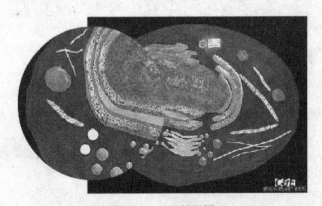

图 4-73　动画效果图

4.6　思考与制作题

(1) 动作补间动画和形状补间动画制作上有何差别。
(2) 如何控制逐帧动画的速度。
(3) 在遮罩动画中，被遮层能设置多层吗，如何设置？
(4) 自行制作颜色变化、淡入淡出的动画效果。
(5) 利用遮罩功能制作湖面水波荡漾效果。
(6) 利用逐帧动画技术设计一个大气压力抽水的动画。

第5章 使用和管理元件

本章主要内容:

※ 元件库和公用库
※ 创建和编辑元件
※ 影片剪辑应用实例

在 Flash 中,动画是由很多对象组成的,不管是简单的动画,还是复杂的动画,都能将它们分解成一个个小单元,从小单元入手,就像玩积木游戏一样,一个个小块只要发挥想象力就能设计出别具风格的建筑来,这些小单元就是元件。在 Flash 中设计动画就是这样。元件创建一次即可多次重复使用,元件有 3 类:图形元件、按钮元件、影片剪辑元件。建立好的元件都存放在库里面。Flash 为创作者提供很方便的资源管理工具,这就是库。在第 1 章的基础内容中简单介绍了一些,这一章中将深入学习元件和库的内容。

5.1 元件库和公用库

Flash Professional 8 中提供了两种库,就是元件库和公用库,元件库为当前影片文档的库,专门管理影片文档中建立和导入的资源或元件。而公用库为系统提供的一些常用元件,如按钮类,这些元件在做交互界面时就能减轻创作者的工作了。

5.1.1 元件库

元件库存储当前影片文档所用的资源或元件。当打开元件库面板时,影片文档中所使用元件或资源就都列表显示在面板中了。打开元件库的操作步骤为:执行菜单"窗口"→"库",即可打开元件库。打开的元件库面板如图 5-1 所示。

图中有一个下拉列表框,这里列出了 Flash Professional 8 中当前创建或打开的影片文档,选择不同的影片文档,下部就列出该影片文档中使用的所有元件或资源,以便在工作时查看和组织这些元素。列出来的项目名称旁边的图标指示该项目的文件类型。面板的中间部位是一个预览窗口,用来显示选定项目的缩略图。如图中选中了第一张图片显示了豹子奔跑的动作。如果选择的是影片剪辑,还能在预览窗口播放影片剪辑的动画。

面板中有一个选项菜单,其中包含用于管理库项目的命

图 5-1 库面板

令。如果要使用"库"选项菜单，则单击"库"面板标题栏中右边的图标按钮，则弹出菜单。选项菜单如图5-2所示。

(1) 新建元件：用于新建一个元件和插入菜单中新建元件子菜单功能一致。

(2) 新建文件夹：在项目列表中建立文件夹用于分类管理项目。

(3) 新建字型：创建一种字体样式，以方便直接设置。

(4) 新建视频：从外部引入 FLV 流媒体文件。

(5) 重命名：为选择项目重新取名。

(6) 移至新文件夹：将选择的项目移至新的文件夹中。

(7) 直接复制：复制选项。

(8) 删除：删除项目。

(9) 编辑：修改项目。

(10) 属性：显示项目的属性信息。

如果要打开另一 Flash 文件中的库，操作步骤如下：

(1) 选择"文件"→"导入"→"打开外部库"。

(2) 定位到一个 Flash 文件，然后单击"打开"按钮，选定文件的库就会在当前文档中打开，在"库"面板顶部会显示该文件的名称。

要在当前文档内使用选定文件的库中的项目，可将项目拖到当前文档的"库"面板或舞台上。

图 5-2　库面板快捷菜单

5.1.2　处理元件库项目

在"库"面板中选择项目时，所选项目的缩略图会出现在"库"面板的上部。如果选定的项目是动画或者声音文件，还可以使用预览窗口来播放。

如果要在当前文档中使用库项目，则将项目从"库"面板上部的预览窗口拖到舞台上，该项目就会添加到当前层上。

如果要在另一文档内使用当前文档中的库项目，则需要将项目从库或舞台拖入另一文档的库或舞台中。

1. 处理"库"面板中的文件夹

可以使用文件夹来存放库中的项目，就像在 Windows 资源管理器中一样。当创建一个新元件时，它会存储在选定的文件夹中。如果没有选定文件夹，该元件就会存储在库的根目录下。

如果要创建新文件夹，则单击"库"面板底部的"新建文件夹"按钮即可。

如果要打开或关闭文件夹，执行以下操作之一：

(1) 双击文件夹；

(2) 选择文件夹，从"库"选项菜单中选择"展开文件夹"或"折叠文件夹"。

如果打开或关闭所有文件夹，则从"库"选项菜单中选择"展开所有文件夹"即可。如果新位置中存在同名项目，Flash 会提示是否要替换正在移动的项目。

2. 对"库"面板中的项目进行排序

"库"面板的各列列出了项目名称、项目类型、项目在文件中使用的次数、项目的链接状态，以及上次修改项目的日期。可以选择"库"面板中的任何一列，对项目按升、降序进行排列。

如果要对"库"面板中的项目进行排序，则单击滚动列表的列表标题即可根据该列进行排序。单击列标题右侧的三角形按钮，可以倒转排序顺序。

3. 重命名项目

要重新命名一个项目，可执行以下操作之一：

(1) 双击该项目的名称，然后在文本框中输入新名称；

(2) 选择项目，并从如图 5-2 所示的菜单中选择"重命名"；

(3) 右键单击该项目，执行"重命名"；

4. 查找未使用的库项目

"库"面板中的"使用次数"列指示某个项目被引用多少次。为了更容易地组织文档，可以找到未被引用的库项目并将其删除。

因为未使用的库项目并不包括 SWF 格式文件，所以不要通过删除未使用的项目来缩小Flash 文档的大小。

要查找未使用的项目，可执行以下操作之一：

(1) 从"库"选项菜单中选择"选择未用项目"；

(2) 单击"使用次数"列对库项目进行排序。

5. 删除项目

删除项目的操作步骤如下：

(1) 选择项目，然后单击"库"面板底部的废纸篓图标；

(2) 在出现的警告框中，选择"删除元件实例"删除项目及其所有实例，取消选择该选项可以只删除该元件，而在舞台上保留实例；

(3) 单击"删除"按钮。

5.1.3 公用库

使用 Flash 附带的范例公用库可以向文档中添加按钮或声音。如果创建自己的公用库，就可以将其用于其他的任何文档。使用公共库的步骤如下：

(1) 选择"窗口"→"公用库"，接着从列出的 3 个子项中选择 1 个，如图 5-3 所示是按钮类公用库；

(2) 将项目从公用库拖入当前文档的库中。

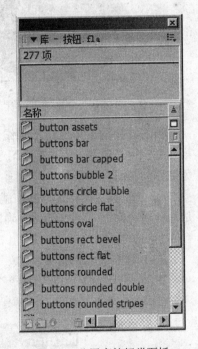

图 5-3　公用库按钮类面板

5.2　创建和编辑元件

元件是 Flash 中创建动画的基础单元，复杂的动画套用元件来分析制作，就会变成简单的工作了。就好像一台机器，设计时将各个部分规划好，先设计成零件，后面再组合，就成为一部完成的机器了。Flash 动画也是这样进行的。在 Flash 中元件有 3 类：图形元件、按钮元件、影片剪辑。下面分别就这三类元件的创建和使用进行介绍。

5.2.1 图形元件

1. 认识图形元件

Flash 中使用图形是常见的，没有图形，Flash 动画也就无从谈起。在 Flash 中使用的图形要注意辨别图形的结构，本书在前面提到过一些，就是流式结构和非流式结构。利用 Flash 的绘图工具所绘制出来的图形都是流式的。而将这些流式的图形制作成图形元件之后就成了非流式的图形。

流式结构和非流式结构，辨别的方法就是使用"选择工具"对对象进行选择操作，非流式结构的图形选择之后，图形都会显示出一个边框来，如图 5-4 所示，说明选中的状态，这样的图形就是非流式结构的。而流式结构的图形其框选的状态如图 5-5 所示，利用"选择工具"在图形的边缘都可以任意地将图形做变性操作，将图形进行任意地形状处理，它就好像是橡皮泥一样，可以随意地捏成各种形状，如同自然界中的流体一样，没有固定的形状。

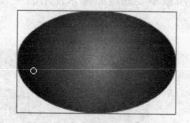

图 5-4　非流式图形选中状态

图 5-5　流式图形选中状态

流式结构的图形应用于制作变形动画，而非流式结构的图形则应用于制作其他动画，在第 4 章中提及过这一点。在学习了图形元件之后，就要更清楚地区分 Flash 中的图形结构，以免制作动画时，特别是补间动画，出现不正确的现象，就说明使用的图形有误了。

Flash 中确定图形元件其实就是将当中使用的图形规范为流式和非流式的结构，这样做就是为利用补间技术制作动画时确定好前提，否则动画制作过程就会出现失误，不能正确得到补间的动画效果。

2. 创建和编辑图形元件

在动画制作过程中要创建一个图形元件，其操作步骤如下：

(1) 执行菜单"插入"→"新建元件"，则弹出如图 5-6 所示的对话框；

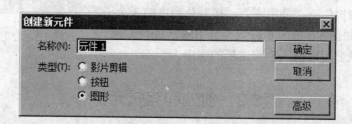

图 5-6　创建新元件

(2) 在对话框中的名称处输入新元件的名称，类型选择为图形，单击"确定"按钮；

(3) 确定之后将出现元件编辑的画面，这时就可以在工作区中加入新图形元件的构成内容了。

创建了一个新的元件并处在元件的编辑制作环境里，要注意区别场景编辑和元件编辑的不同，一般在时间轴线面板上都会有显示，如图 5-7 所示，在新建了一个图形元件时，显示的状态就是这样。当元件编辑好后要返回场景，只要使用鼠标单击一下场景的名称就会返回场景编辑状态。

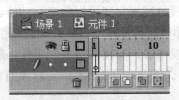

图 5-7　图形元件编辑时间轴线

建立后的元件都存放在库中，打开"元件库"面板，就可以从中将要使用的元件拖放到场景的舞台中。库中所存放的是元件，拖放到舞台上的就是元件的一个实例，这里场景舞台上使用的东西和库中存放的东西，其实就是类和实例的关系，一个类可以对应多个实例，也就是一个建成的元件可以被使用在多个场合，并且这些实例具有相同的属性特征。如果对库中的对象做第二次编辑的话，所做的编辑处理，将全部影响到所使用的实例中。例如，制作了一个椭圆，填充为蓝色的图形元件，在舞台上对这个图形元件使用了 3 个实例，当再次将该图形元件进行编辑，将其填充为红色。完毕当返回场景，舞台上的 3 个实例的填充也将全部变为红色了。这样的动画制作思想就会为进行后期修改提供了便利。

在 Flash 中再次编辑处理图形元件的方法有两种。

方法一：直接双击实例，就进入到元件编辑的工作环境，这种方法最为快捷方便。

方法二：

(1) 执行菜单"窗口"→"库"；

(2) 在库面板中找到所要编辑的元件；

(3) 对该元件单击鼠标右键，执行"编辑"，进入元件编辑环境。

5.2.2　按钮元件

1. 认识按钮元件

按钮元件是 Flash 中制作交互动画的一个专用对象，如控制动画的播放、暂停、停止、重播等，都是由按钮来完成制作的。按钮与在一般软件界面中的按钮在功能上没什么不同，但外观上就大不相同了，它的外观可以由制作者任意地加以装饰，变成各种各样的款式和漂亮的形状，比软件操作界面中的按钮要花样得多。

就功能上而言，按钮响应鼠标的操作动作，一般把鼠标放在按钮上，鼠标所能产生的动作有：按下鼠标键、移动鼠标指针、松开鼠标键的操作。为了和鼠标的操作相关联，Flash 中将按钮元件的结构设置由 4 帧组成，如图 5-8 所示。

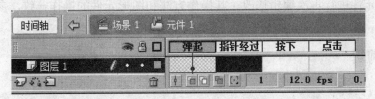

图 5-8　按钮元件编辑时间轴线

图中图层 1 的时间轴线上有 4 帧，这 4 帧是分别用来设置 4 张图片，当按钮应用实例在舞台上进行和鼠标交互时，鼠标对这个按钮实例进行相应动作时将对应显示出图片来。例如，弹起中设置了一个椭圆，当鼠标键松开时，就会看到一个椭圆闪动一下，其他帧像指针经过、按下、点击等都和鼠标的移动、按下鼠标键的操作有关。

另外按钮在使用过程为了很好发挥它和鼠标的交互功能，必须给按钮编写事件代码，按钮由鼠标产生动作，就会触发事件。与操作一般软件中的按钮一样，就会有处理的结果出现，这就是鼠标发出动作，然后触发事件。要使按钮响应事件，就要为按钮元件设置事件代码，也就是编写 ActionScript 代码。关于 ActionScript 语言后面的章节将讨论。

2. 创建和编辑按钮元件

新建一个按钮元件的操作步骤如下：

(1) 执行菜单"插入"→"新建元件"，将会弹出如图 5-6 所示的对话框，和创建图形元件的一样；

(2) 在对话框的名称栏处输入新按钮元件的名称，选择类型为按钮，点击"确定"按钮；

(3) 确定后就会出现按钮元件的编辑制作环境，其中时间轴线面板如图 5-8 所示，在工作区中就可以设置响应鼠标动作的图片了。

下面来制作一个简单的按钮元件。要求按钮的外观形状为以椭圆为轮廓，其中使用放射状颜色填充，在上面加上文字，4 帧中的内容、轮廓形状不变，只改变图形和文字的颜色。这样就使按钮在使用过程有一个醒目的变化。

制作过程如下：

(1) 按上面的操作步骤启动一个新按钮的编辑制作环境；

(2) 在工具箱面板中选择"椭圆工具"，填充颜色设置为放射状的绿色，笔触为黑色，选中图层 1 的弹起帧，在工作区中绘制一个椭圆，选择"文本工具"，字体为黑体，大小为 32，建立一个文本对象，文字为"按钮"，将其放置在绘制好的椭圆之上，如图 5-9 所示；

(3) 在"弹起"帧上单击鼠标右键，选择"复制帧"执行，将其粘贴到"指针经过"帧中，然后对工作区中的椭圆和文字改变颜色，椭圆的填充改为放射状的红色，文字为黄色，如图 5-10 所示；

图 5-9　弹起帧图形　　　　　　　　　　图 5-10　指针经过帧图形

(4) 接着把鼠标经过帧复制粘贴到按下帧中，修改椭圆的颜色为放射状蓝色，文字为绿色；

(5) 完成之后返回场景中，打开库面板，将刚才的按钮元件拖出一个实例放置在舞上，执行菜单"控制"→"测试影片"，使用鼠标操作按钮，看看有什么效果在变化。

想对按钮元件进行再次编辑修改，其操作方法和图形元件的操作一致，参考图形元件的操作方法。

5.2.3 影片剪辑

1. 认识影片剪辑

影片剪辑元件其实就是另外一个 Flash 影片，只不过是将动画制作成一个元件。其制作过程和一般的 Flash 动画影片是一样的，前面讲过的动画制作技术都可以应用到影片剪辑的制作中，它就是把一个完整动画的一小段单独制作出来，成为一个片断，然后再放置到场景舞台中。影片剪辑元件对于在 Flash 中构造复杂的动画占有相当重要的地位，越是复杂的场景就越要将场景分解成一小块的单元来制作，最后再组合在一起，这些小的单元动画就是影片剪辑。如果不把它分解成一些小单元，那整个场景的动画制作就会变得很繁琐，而且编辑修改都会困难。

如要设计一个动画园里的景象，里面有很多可爱的小动物，像小鹿、小猫、小狗、熊猫，树上还有小鸟们在歌唱等，和煦的春风在拂动着树叶飘动。这样的热闹场景，各种动物都在玩耍。要用 Flash 来制作出这样的热闹画面，那就要把各种独自运动的对象，单独做成一个影片剪辑，再将影片剪辑放置在舞台的合适位置，一幅有生气的动画场景就出现了。如果每个运动的对象都一起放在场景中统一制作，那后期要修改就会变得非常麻烦和困难。使用影片剪辑在制作技巧上是一种技术改进，更方便。

另外影片剪辑还能制作出一些奇幻的动画效果，就像拖尾现象、洋葱皮动画效果等。

2. 创建和编辑影片剪辑

创建一个新的影片剪辑，操作如下：

(1) 执行菜单"插入"→"新建元件"；

(2) 在弹出的窗口中选择类型为"影片剪辑"，并命名，单击"确定"按钮；

(3) 在出现的影片剪辑编辑环境中，操作图层和时间轴线进行动画制作。

对影片剪辑元件的编辑修改，操作方法和前面讲的两种元件一致。

5.3 影片剪辑应用实例

5.3.1 动感按钮制作

在交互界面上，使用了按钮，总想把按钮做得有点花样出来，不想只有一个矩形形状或是椭圆形形状那样，在 Flash 中制作各种花样的按钮是很容易的，下面结合影片剪辑制作一个动感按钮。当鼠标放到按钮上时，能够看到按钮拉开两扇门露出文字的动感效果，如图 5-11 所示。

(1) 新建一个 Flash 文档。执行菜单"文件"→"新建"，创建一个影片文档，文档属性使用默认值。

(2) 执行菜单"插入"→"新建元件"，在对话框中设置名称为"元件 1"，类型为"图形"，点击"确定"按钮，进入图形元件编辑环境。

(3) 双击"矩形工具"，在弹出的对话框中设置边角半径为 27，如图 5-12 所示。

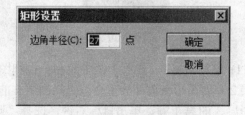

图 5-11　动感按钮效果　　　　　图 5-12　设置矩形边角半径

(4) 打开"混色器"面板，设置填充颜色，类型为线性，四个色标中中间两个的颜色值为#1D07E7，外围两个为#B5A3FE，如图5-13所示。

(5) 在工作区中绘制一个圆角矩形图形，如图5-14所示。

(6) 使用"选择工具"框选中圆角矩形的一半，执行"编辑"→"剪切"，将选中的部分剪掉，这样元件1就是一个半边的圆角矩形。

(7) 执行菜单"插入"→"新建元件"，命名为"元件2"，类型为"图形"，单击"确定"。执行"编辑"→"粘贴到当前位置"，将步骤（5)剪切掉的另一半圆角矩形粘贴出来。这样元件1和元件2就是一个完整圆角矩形的左右一半了。

(8) 执行"插入"→"新建元件"，命名为"元件3"，类型为"影片剪辑"。单击"确定"后，在图层1的第1帧中使用"文本工具"输入静态稳态，字体为黑体，大小为34，内容为"确定"。接着打开"滤镜"面板，添加"投影滤镜"，使用默认参数值，这样文字"确定"的效果如图5-15所示。

图5-14　绘制矩形

图5-13　混色器

图5-15　文本对象

(9) 添加图层2，打开"元件库"面板，在选中图层2的第1帧中，从库中拖出元件1，盖住文字的一半，如图5-16所示。

(10) 在图层2的第20帧处，单击鼠标右键，选择"插入关键帧"，在图层1的第20帧处单击鼠标右键，执行"插入帧"，选中图层2的第20帧，使用键盘上的方向键，将半边的矩形向左边移开，直到露出"确"字，如图5-17所示。

图5-16　盖住半边文本对象

图5-17　拉开遮盖

(11) 添加图层3，在第1帧中绘制一个和图5-14所示一样大小的圆角矩形，并将其放置和图层2中的图形左边部分重合。选择图层2的第1帧，打开"属性"设置补间为"动画"，选择图层3的第1帧，单击鼠标右键，选择"遮罩层"，文字左半边门的动画就完成了。接着就是右半边门拉开的动画了。

(12) 添加图层 4，在第 1 帧中拖入元件 2，元件 2 的实例放置和图层 2 的对接在一起，这样两个半边的圆角矩形就组合成一个整体盖住"确定"文字。在第 20 帧插入关键帧，使用方向键将其向右移动，直到看到"定"字即可。

(13) 添加图层 5，将图层 3 的第 1 帧复制粘贴到图层 5 的第 1 帧中。选择图层 4 的第 1 帧，打开"属性"面板，设置补间为"动画"，在图层 5 上单击鼠标右键，执行"遮罩层"。这样整个文字拉幕动画的影片剪辑就完成了。影片剪辑的时间轴线设置情况如图 5-18 所示。

图 5-18　影片剪辑编辑的时间轴线

(14) 执行"插入"→"新建元件"，建立元件 4，类型为"按钮"。在编辑环境中，在"弹起"帧中绘制一个和图 5-14 所示一样的图形，在"指针经过"帧中插入空白关键帧，从库中拖出元件 3，把"弹起"帧和"指针经过"帧的对象重合放置。

(15) 回到场景编辑环境，将制作好的按钮元件，即元件 4 拖出到舞台上，执行"控制"→"测试影片"，就会观看到如图 5-11 所示的效果了。不过鼠标进入到按钮时，拉幕文字的动画会不停地重复拉开。要想拉幕动画拉开幕帘后能停下来，就要对影片剪辑元件 3 做进一步处理。

(16) 从库中双击元件 3 进入影片剪辑的编辑环境，选择图层 2 的第 20 帧，执行菜单"窗口"→"动作"，打开"动作"面板，在其中输入："stop( );"，返回场景再次测试影片，看看效果会有什么样的变化。

5.3.2　森林中奔跑的动物

现在再利用影片剪辑元件来制作一个动画影片，效果如图 5-19 所示。先来分析一下整个影片动画的构成。在图中，背景为森林是静止的画面，两只动物在奔跑，一只是兔子，另一只是狮子。这两只动物的动作是各自运动的，因此可以建立两个独立的影片剪辑片断，将它们的原地奔跑动作用逐帧描绘出来。最后再将其和背景图组合在一起。这样一个森林中动物奔跑的场景动画就轻而易举地制作出来了。

1) 新建一个 Flash 文档

执行菜单"文件"→"新建"，影片文档属性使用默认值。

2) 创建兔子奔跑影片剪辑

执行菜单"插入"→"新建元件"，名称设置为"兔子"，类型为"影片剪辑"。进入新影片剪辑编辑环境后，利用逐帧动画技术创建兔子奔跑的影片剪辑。在图层 1 中从第 1 帧起，每隔一帧就加一个关键帧，建立 5 个关键帧，分别设置兔子奔跑过程的 5 个关键画面。这里就是使用的逐帧动画技术来制作完成兔子原地奔跑的影片剪辑动画片段。如图 5-20 所示为兔子奔跑 5 张关键画面。

图 5-19　动画效果

图 5-20　兔子奔跑的序列动作

　　图中画面安排为从左到右的顺序。5 张图片在时间轴线上逐帧进行显示，这样一只兔子奔跑的动画就出来了。

　　3) 创建狮子奔跑影片剪辑

　　和步骤 2)一样，创建狮子原地奔跑的影片剪辑片断。狮子奔跑过程表现的动作中，选择了 4 幅典型的动作，如图 5-21 所示。执行"插入"→"新建元件"，名称设置为"狮子"，类型为"影片剪辑"，在图层 1 的时间轴线上从第 1 帧开始每隔一帧加一个关键帧，建立 4 个关键帧，对应于如图 5-21 所示的 4 幅小图。

图 5-21　狮子奔跑的序列动作

　　关于"兔子"和"狮子"这两个影片剪辑元件是采用逐帧技术来完成的，因此序列画面要预先准备好，可以在 Flash 中一幅一幅地画，也可以使用其他的软件，像 Painter 之类的软件来手工绘制，再加入到 Flash 中。动画制作可以参考逐帧动画技术内容。

92

4) 利用元件组合成场景动画

返回到场景编辑环境中，在图层 1 的第 1 帧中导入背景图片，就是如图 5-19 所示的森林背景图，这图片也是预先绘制好的。导入的图层 1 的背景图片如果和舞台大小不一致，可以利用"任意变形工具"将其缩放到和舞台一致。

添加新图层 2，执行菜单"窗口"→"库"，打开元件库。在图层 2 的第 1 帧中把库中的"狮子"拖出一个实例，放置在舞台的右下角位置。

添加新图层 3，选中第 1 帧，把库中的"兔子"拖出一个实例放在舞台的右下角位置，和"狮子"实例错开一点位置。

在图层 2 的第 20 帧处，单击鼠标右键，选择"插入关键帧"，同样在图层 3 的 20 帧处插入关键帧，图层 1 的 20 帧处插入帧。

选中图层 2 的第 20 帧，将"狮子"实例，使用"选择工具"拖到舞台左边的中间位置，并处在舞台外部一点。选择"任意变形工具"，将"狮子"缩小到原来的 2/3，因为动物跑远了看起来自然要比近时小些。

利用同样的方法处理图层 3 的第 20 帧。接着选择图层 2 和图层 3 的第 1 帧，打开"属性"面板，设置补间为"动画"。至此整个动画影片制作完成。

注意：影片剪辑元件可以被当作一般对象再进行动画制作，就能将一种复杂的动画简单化。像动物的奔跑，先用影片剪辑来描绘原地奔跑动作，再将这个影片剪辑作动作补间处理，改变位置，最终效果就表现为一个完整的奔跑动画了。影片剪辑元件可以多次嵌套，将递进的动作嵌套进来，这样复杂的动画就简单化了。清楚认识一个动画的动作层次关系，在 Flash 中制作动画也就变得简单了。

5) 测试影片

执行"控制"→"测试影片"，动画播放起来效果如图 5-19 所示。

5.4　思考与制作题

(1) 如何在多个 Flash 影片文档之间使用元件资源？

(2) 影片剪辑元件的嵌套使用技术以表现动画的层级关系。

(3) 按钮元件的响应鼠标动作的状态有几种，在使用中如何制作？

(4) 利用影片剪辑元件制作一段小鸟空中聚会的动画。

第6章 Flash ActionScript 脚本语言

本章主要内容：

※ Flash 动作脚本的编辑
※ 变量与常量
※ 数据类型
※ 运算符和表达式
※ 语句和程序结构
※ 对象事件
※ 脚本语言在动画制作中的应用

Flash 的 Actionscript 语言是辅助于动画开发的脚本语言，它为 Flash 开发交互动画影片提供了技术支持，借助 Actionscript 脚本语言还能制作出常规方法下更为绚丽的动画效果。当前教育领域里使用 Flash 开发了大量的支持课堂教学的演示动画，动画影片的交互过程都依赖于 Actionscript 语言来完成，它在开发此类多媒体作品中占有重要地位，也因此使得开发的多媒体作品灵活多样。

6.1 Flash 动作脚本的编辑

在 Flash 中使用脚本语言来实现交互动画或制作一些特殊的效果，就要把握好对脚本语言的编辑应用。使用脚本语言主要是在"动作"面板中完成。

6.1.1 认识"动作"面板

"动作"面板是 Flash 众多面板中的一类，其作用就是用来为对象或帧添加或编辑脚本代码，它是一个文本编辑器。在 Flash 的开发环境中，打开"动作"面板的操作方法如下：

(1) 执行菜单"窗口"→"动作"；
(2) 使用快捷键"F9"；
(3) 使用鼠标点击 Flash 环境工作区下方的"动作"文字。

以上之一都能将"动作"面板打开，其中 F9 键比较快捷方便。打开的"动作"面板如图 6-1 所示。

整个"动作"面板的结构由 5 部分组成：语言版本支持选择、Actionscript 指令或函数库、Actionscript 代码导航、Actionscript 代码编辑工具栏、Actionscript 代码编辑区。

"语言版本支持选择"位于"动作"面板的左上角，有一个下拉列表框，当中列出了 Flash Professional 8 所支持的 Actionscript 语言的版本，到目前为止 Actionscript 语言有 3 种版本，

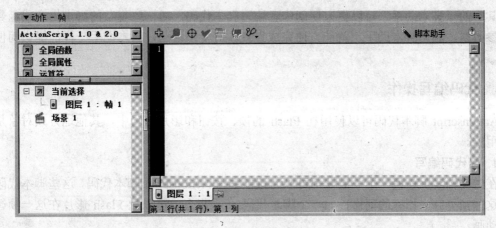

图 6-1　动作面板

分别为 1.0、2.0、3.0，Flash Professional 8 能兼容 1.0 和 2.0，在使用 Actionscript 时可以根据需要选择所支持的版本。版本不同，Actionscript 的指令也有所不同，版本越高配备的指令越丰富，自然在开发更高级的应用中使用就越方便了。

在"语言版本支持选择"区的下方为 Actionscript 代码的指令或函数库，为可以在编写代码时使用的指令或函数，直接从对应的分类里添加到 Actionscript 编辑的工作区中。操作方法很简单，只要使用鼠标逐个点击类别名称即可展开，找到所要的指令或函数后，双击指令或函数的名称，该指令或函数就加入到右边的编辑区中了。提供该指令或函数库，就是为创作者方便使用，不需要去背那么多指令或函数，即使遗忘了，查找起来也方便得多。另外，Actionsript 脚本语言区分大小写，为了能正确编写代码，编辑代码时最好是从库中加入，这样就能保证代码正确被解析执行。

在"指令或函数库"的下方是"Actionscript 代码导航区"，主要用来显示 Flash 影片中使用了 Actionscript 脚本代码的对象或帧，以方便创作编辑代码时快速找到对应位置，Flash 中能使用 Actionscript 脚本代码的只有帧、按钮和影片剪辑，导航区中将具体列出哪些地方使用了 Actionscript 脚本代码，是场景中的帧、按钮还是影片剪辑。

"Actionscript 代码编辑区"为右边较大的空白区域，是一个文本编辑器，在里面可以键入 Actionscript 脚本代码，每加入一行，旁边都有行标出现，从 1 开始编号。

"Actionscript 代码编辑区"的上面为"Actionscript 代码编辑工具栏"，工具栏上的图标作用如图 6-2 所示。

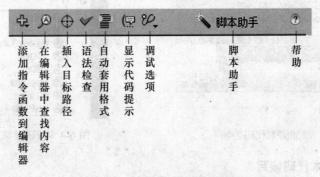

图 6-2　动作面板的编辑图标栏

其中的"脚本助手"可以更方便创作者编写脚本代码，对一些复杂的脚本指令或函数，设置参数时，利用脚本助手，就能方便完成设置。对复杂语句，脚本助手一样能提供简便的帮助。

6.1.2 代码编写操作

Actionscript 脚本代码可以使用在 Flash 的帧、按钮和影片剪辑中，其他地方或对象是不能使用的。

1. 帧代码编写

在时间轴线上任何一个关键帧都可以为该帧编写 Actionscript 脚本代码，这些脚本代码能够在这些帧里完成相应的动作，如一个脚本代码 stop 指令，可以让 Flash 影片在这一帧暂停播放动画。

向某一个关键帧加入脚本代码的操作步骤如下：

(1) 在时间轴线上选中一个关键帧，可以是关键帧或是空白关键帧；

(2) 打开"动作"面板；

(3) 向脚本代码编辑器里写入脚本代码。

给关键帧加入了脚本代码之后该帧中就有一个小写英文字母"a"出现，这是说明该帧有脚本代码指令存在，如图 6-3 所示。

2. 按钮对象脚本代码编写

按钮对象是 Flash 动画影片赖于交互的一个元素，它之所以能接受鼠标的操作以及相应的操作，就是靠 Actionscript 脚本指令和语句来完成的。动画场景中使用的按钮元件，没有脚本指令和语句是没有任何作用的。给按钮添加执行代码的操作如下：

(1) 利用"选择工具"选中按钮对象；

(2) 打开"动作面板"；

(3) 通过"代码指令或函数库"给按钮添加事件处理函数代码指令，按钮使用的代码一般都是事件代码，设置的事件代码格式为

on ( ) {

}

其中 on 为接受事件的引导词，括号中的内容为事件名称，这个参数可以在提示列表中选择，如图 6-4 所示。

图 6-3　添加脚本代码的帧

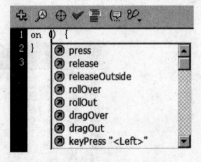

图 6-4　按钮对象的处理事件

3. 影片剪辑脚本代码编写

现在已经知道如何向帧和按钮中添加脚本代码了，接下来要知道如何向影片剪辑中添加

脚本。其操作步骤如下：

(1) 利用"选择工具"选中影片剪辑对象；

(2) 打开"动作"面板；

(3) 为影片剪辑编写事件处理函数。

影片剪辑脚本和按钮的脚本类似，它们都使用事件处理函数，与按钮的 on 关键字不同，影片剪辑使用 onClipEvent 关键字。当某种影片剪辑事件发生时，就会触发相应的事件处理函数。

影片剪辑最重要的两种事件是 load 和 enterFrame。

load 事件在影片剪辑完全加载到内存中时发生。在每次播放 Flash 影片时，每个影片剪辑的 load 事件只发生一次。

在主时间轴停止播放时，影片中的影片剪辑并不会停止播放，这个特性决定了影片剪辑的另一个事件 enterFrame 的重要性。enterFrame 事件在影片每次播放到影片剪辑所在帧时发生。如果主时间轴中只有一帧，且不论它是否在该帧停止，该帧中的影片剪辑都会不断触发 enterFrame 事件，且触发的频率与 Flash 影片的帧频一致。

影片剪辑事件的使用方法如下所示：

```
onClipEvent (load) {
    var i = 0;
}
onClipEvent (enterFrame) {
    trace(i);
    i++;
}
```

当影片剪辑的 load 事件发生时，将变量 i 设置为 0。当影片剪辑的 enterFrame 事件发生时，向输出窗口中发送 i 的值，然后将 i 加 1。输出窗口中会从 0 开始输出以 1 递增的数字序列，直到影片被关闭为止。

6.2 变量与常量

变量和常量是计算机语言中的两种比较基础的名词。变量和常量都是一种计算机内存的存储单元，用来存储数据。变量存储的数据是可变的，而常量存储的数据是不可变的。

6.2.1 命名规则

变量和常量的命名要遵循计算机语言中标识符的命名规则，其规则如下：

(1) 以英文字母开头，后跟下划线、字母、数字，如 a1、ab、a_1 为合法变量名，1a、324 为不合法的变量名；

(2) Flash 脚本代码中的变量和常量名区分大小，如 ab 和 AB 就是两个不同的变量或常量；

(3) 变量和常量的命名不能使用 Flash 脚本指令或函数库中的相同名称，如 on 就不能当作变量或常量使用；

(4) 变量的取名要有科学规律，以便阅读。

6.2.2 变量的定义和作用域

1. 变量的定义

在 Flash Professional 8 中变量最好先定义后使用，这和以前版本有了一些差别，主要就是 Actionscript 1.0 和 2.0 的语法区别。没有定义，使用的变量就可能产生其他的结果，因为变量未定义时其值将是 null 或 undefined。

在 flash Professional 8 中定义一个变量的语法格式为：

var 变量名；

定义一个变量以 var 开头，Actionscript 脚本代码区分大小写，使用关键词时要注意大小写。为了避免出现错误，最好使用"动作"面板里的脚本代码的添加工具来编写脚本。如果要定义一个变量，在不清楚 var 关键词的大小写情况下，可以按照如图 6-5 所示的操作进行，就可以在脚本代码编辑器中加入 var 语法句子。

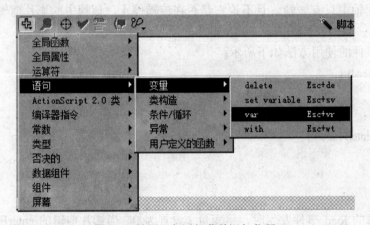

图 6-5　使用语句添加菜单添加代码

变量定义的同时可以对其进行赋初值，如：

var x=5；

var squre="平方"；

2. 变量的作用域

变量的范围就是指变量的作用域。在 Actionscript 脚本中有以下 3 种类型的变量作用域。

(1) 本地变量：在定义它们的函数体或程序段内有效。

(2) 时间轴变量：在该时间轴上的任何脚本代码中有效。

(3) 全局变量：对于整个 Flash 影片的每个时间轴均有效。

1) 本地变量

本地变量一般是定义在某一个自定义函数或事件处理过程中，这种变量的定义使用 var 语句。本地变量只有在自定义函数或事件处理过程中执行时才发生作用，程序结束了，变量的生命期也就结束了。如以下代码：

```
function myfunction( ){
var x;
x=5;
trace(x);
```

}

以上代码中定义的本地变量 x，当 myfunction 函数被调用执行，才有效。同样一个名称的变量在不同的函数或事件处理段程序中不会出现同名冲突，Flash 认为它们是完全独立的两个变量。

2）时间轴变量

时间轴变量可用于该时间轴上后续帧的任何脚本中。变量要确保被初始化，才能在后续帧的脚本中使用变量。例如，在一个图层的第 5 帧中定义了一个变量"var x=1；"，第 5 帧之前的帧不能使用该变量，而后续帧可以随意使用。

时间轴变量可以用来存储整个时间轴线上有关动画对象变化的数据。

3）全局变量

全局变量对于用户文档中的每一时间轴而言都是有效的。全局变量的定义或创建，不同于本地变量和时间轴变量。定义一个全局变量，必须在变量名称前使用_global 标识符，且不使用 var 语句了。有关一些全局属性的语句可以利用"动作"面板中提供的工具来完成，如图 6-6 所示。

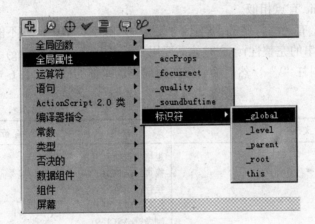

图 6-6　全局属性脚本代码

如以下的代码定义的全局变量：

    var _global.myvar="abc";　//错误的语法

    _global.myvar="abc";

全局变量和本地变量同名时，以本地变量为先，也就是访问的是本地变量，全局变量不具有访问权限。

6.3　数据类型

数据类型是用来描述变量或动作脚本元素可以包含的信息的种类。Flash 中内置了两种数据类型：标准数据类型和引用数据类型。标准数据类型有字符串、数值和逻辑值，它们都有一个常数值。引用数据类型指影片剪辑数据类型和对象数据类型，如内置对象 Array 或 Math。标准数据类型的变量和引用数据类型的变量在某些情况下的行为是不同的。

另外还有两类特殊的数据类型：空值和未定义。

Flash 中的数据类型之间可以利用转换函数实现不同数据类型的转换，系统提供的转换函数有 Array( )、Boolean( )、Number( )、Object( )、String( )。

6.3.1　字符串

　　一个字符串就是一系列的字符集,用双引号引起的串，如"This"就是一个字符串。定义一个字符串变量很简单，只要在初始化时将一个字符串数据赋给它就行了，例如：

chapter = "第 2 章";

section = "第 2 节";

section_name = "常见数据类型";

full_name = section + " " add section_name + 999; //连接字符串

　　上面第 4 行的 full_name 的值是前面两个变量(section 和 section_name)和一个常量(999)的运算结果(使用了"+"和"add"运算符，它们的功能是相同的)。请注意，这行代码最后面的数值常量 999 不是同一类型的数据，Actionscript 可以自动将它转换为字符串格式，而不需要专门函数。当然，最安全的方法是使用 Number 对象的 toString( )函数或是 String( )函数。由此可见，Actionscript 是一种弱类型检查的语言，即不严格限制各种数据类型间的运算和传递。这和 Visual Basic 有点相似。

　　在实际应用中，有一些特殊的字符不能直接输入在字符串中，如不能在字符串中直接输入引号(会破坏字符串的完整性)。这时就需要用到转义字符了(Escaping)。要使用转义字符，首先要输入一个反斜杠"\"，然后输入相应的代码。详细的代码如表 6-1 所列。

表 6-1　转义字符代码

转 义 字 符	代 表 字 符
\b:	退格字符(ASCII 8)
\f:	换页符(ASCII 12)
\n:	换行符(ASCII 10)
\r:	回车符(ASCII 13)
\t:	制表符(ASCII 9)
\":	双引号字符
\":	单引号字符
\\:	反斜杠字符
\000 - \377:	八进制表示的字符
\x00 - \xFF:	十六进制表示的字符
\u0000 - \uFFFF:	十六进制表示的 16 位 Unicode 字符

例如：

trace("He said:\"I don\"t care about you.\"\nAnd she smiled:\"Really?\"");

可以根据上面的对照列表读出上面代码的字符串内的实际内容，运行后的输出为：

He said:"I don't care about you."

And she smiled:"Really?"

可以看到，转义字符都被转换为相应的实际字符了。

6.3.2　数值

　　Actionscrip 脚本中的数值型数据为双精度浮点数，对数值型数据可以进行任何相应操作。例如：

100

```
a = 1;
b = 2;
sum = a + b; //求  a, b  之和
if(sum>0){ //假如结果大于  0
square_root = Math.sqrt(sum); //使用  Math  对象的平方根函数求  sum  的平方根
}
trace("sum=" + sum);
trace("square_root=" + square_root);
```

6.3.3 逻辑数据

　　逻辑数据又被称为布尔值(由其英文名称而来)。它只有两个值：true 和 false。在必要的情况下，Actionscript 会自动将它的值转换为 1 和 0，也可以用 1 和 0 给它赋值。如下面的代码事例：

```
a = 10;
b1 = 1;
b2 = false;
if(b1 == true){
   a = a + b1;
} else {
   b2 = !b2;
}
trace("a=" + a);
trace("b1=" + b1);
trace("b2=" + b2);
```

　　上面代码混合了数值型和逻辑型变量的运算。a =a+b1 将逻辑值 b1(true 即 1)加到 a 上，b2=!b2 则是对 b2 取反(即由 false 变为 true 或是由 true 变为 false，因为逻辑值只有两种情况：真或假)。读者可以试着修改一下 b1 的值来看看不同的效果。

6.3.4 对象

　　对象(Object)是属性的集合。每个属性都有名称和值，其中，属性的值可以是任意数据类型，甚至可以是对象数据类型。这样就可以使对象互相包含，即对象嵌套。如果要指定对象及其属性，可以使用 "." 操作符。例如：

employee.weeklyStats.hoursWorked

　　上面语句的各段关系为点操作符的前者是后者的对象，而后者是前者的属性。

　　用户可以使用内置对象脚本来访问和处理待定种类的信息。例如，Math 对象具有一些方法，这些方法可以对传递给它们的数值执行数学运算。以下是使用 sqrt( )方法的示例：

squareroot=Math.sqrt(9);

　　用户也可以创建自定义对象来组织 Flash 应用程序中的信息。如果要使用脚本向应用程序添加交互操作，将需要许多不同的信息。例如，可能需要使用者的姓名、年龄、联系方式等。通过创建自定义对象，可以将信息分组，简化脚本编写过程，并且能重新使用脚本。

6.3.5　影片剪辑

影片剪辑是 Flash 应用程序中可以播放动画的元件。它们是唯一引用图形元素的数据类型。影片剪辑数据类型允许用户使用影片剪辑类的方法控制影片剪辑元件。可以使用"."操作符调用这些方法。例如：

```
my_mc.startDrag(true);
parent_mc.getURL(http://www.macromedia.com/support/+product);
```

6.3.6　空值

空值数据只有一个值 null，表示"没有数据"，即缺少数据。null 值可以出现在以下情况中：

(1) 指示变量尚未接收到数据值；
(2) 指示变量不再包含数据值；
(3) 作为函数的返回值，指示函数没有可以返回的数据；
(4) 作为函数的参数，指示省略了一个参数。

6.3.7　未定义

未定义即 undefined，只有一个数据值的数据类型，它用于尚未分配数据的变量。

6.4　运算符和表达式

Flash 的脚本中提供了 7 类操作符以编写各种类型的运算表达式，有算术操作符、关系操作符、逻辑操作符、位操作符、复合操作符、字符串操作符等。

6.4.1　算术操作符

算术操作符有乘号(*)、除号(/)、加号(+)、减号(−)、变量自加(++)、变量自减(−−)、求余号(%)。除了变量自加和变量自减外，其他的操作符是二元操作符，就是有两个数值参与运算。而变量自加和自减是一元操作符，用于将变量存储的数值实现自动加 1 或减 1，书写的格式为：

```
a++;
a--;
```

利用 Flash 的算术操作符来编写程序实现计算数学式子的结果时，书写表达式一定要注意所使用的符号。乘法、除法和求余运算符与数学中所使用的有所不同。例如，实现两个数的乘法运算，脚本代码如下：

```
var x=10;
var y=20;
var z;
z=x*y;
trace(z);
```

6.4.2　关系操作符

Flash 中的关系操作符有小于（<）、小于等于（<=）、不等于（!=）、等于（==）、大

102

于（>）、大于等于（>=）。主要实现关系判断，判断两个数据的关系。这些操作符和数学中应用于关系表达式的符号有些相同而有些是不同的，注意区别对待，不要将数学中的关系符号搬到 Flash 中来使用，否则会产生错误。

关系表达式一般应用于条件判断当中，就构成条件表达式，像判断语句和条件循环语句中所使用的表达式有些就是关系表达式。关系表达式的运算结果为逻辑数据，判断两个数据的大小关系，如果成立则 true，不成立则 false。例如：

5 <= 10; // true

2 <= 2; // true

10 <= 3; // false

"Allen" <= "Jack"; // true

"Jack" <= "Allen"; // false

"11" <= "3"; //true

"11" <= 3; // 类型不匹配 // false

"C" <= "abc"; // false

示例编程，判断一个数是否大于零，是则输出，否则输出"error"，代码如下：

```
var x;
x=0;
if(x>0){
    trace(x);
}
else{
    trace("error!");
}
```

6.4.3 逻辑操作符

Flash 中的逻辑操作符有逻辑与（&&）、逻辑或（||）、逻辑非（!）。逻辑运算的数据为逻辑数据，运算结果也是逻辑数据。这 3 种逻辑运算其运算规律如表 6-2 所列。

表 6-2 逻辑操作运算真值表

A	B	!A	A && B	A || B
false	false	true	false	false
false	true	true	false	true
true	false	false	false	true
true	true	false	true	true

如果表达式 x && y 的计算结果为 false，则表达式 !(x && y) 的计算结果为 true。

在下面的代码片段中，可以看到如何使用"逻辑与"运算符来检查一个数字是否在 10 和 20 之间。根据此结果，显示适当的消息。如果该数字小于 10 或大于 20，"输出"面板中将显示一条替代消息。

103

```
submit_mc.onRelease = function():Void {
    var myNum:Number = Number(myTxt.text);
    if (isNaN(myNum)) {
        trace("Please enter a number");
        return;
    }
    if ((myNum > 10) && (myNum < 20)) {
        trace("Your number is between 10 and 20");
    } else {
        trace("Your number is NOT between 10 and 20");
    }
};
```

6.4.4 位操作符

位操作符有位与（&）、位或（|）、补位（~）、位异或（^）、位左移（<<）、位右移（>>）、位右移填零（>>>）(无符号)。

按位运算符在内部操作浮点数，将它们转换为 32 位整数。执行的确切运算取决于运算符，但是所有的按位运算都会分别评估 32 位整数的每个二进制位，从而计算新的值。按位运算符在 Flash 中不常用到，但是在某些情况下可能会非常有用。例如，用户可能要为一个 Flash 项目构建一个权限列表，但是又不想为每种权限类型创建单独的变量。在这种情况下，可以使用按位运算符。

下面使用按"位或"运算符演示示例：

(1) 选择"文件"→"新建"，然后创建新的 Flash 文档；

(2) 选择一个关键帧，在"动作"面板中键入以下 ActionScript：

```
var myArr:Array = new Array("Bob", "Dan", "doug", "bill", "Hank", "tom");
trace(myArr); // Bob,Dan,doug,bill,Hank,tom
myArr.sort(Array.CASEINSENSITIVE | Array.DESCENDING);
trace(myArr); // tom,Hank,doug,Dan,Bob,bill
```

第一行定义一个随机姓名的数组，并将每个项显示到"输出"面板中。然后调用 Array.sort( ) 方法，并使用常数值 Array.CASEINSENSITIVE 和 Array.DESCENDING 指定两个排序选项。该 sort 方法的结果是使数组中的项目按反向顺序(z 到 a)排序。此搜索是不区分大小写的；a 和 A 被看作是相同的；但在区分大小写的搜索中，Z 排在 a 之前。

(3) 选择"控制"→"测试影片"对 ActionScript 进行测试。下面的文本在"输出"面板中显示：

```
Bob,Dan,doug,bill,Hank,tom
tom,Hank,doug,Dan,Bob,bill
```

6.4.5 复合操作符

复合操作符也称为赋值操作符，复合操作符是由前面提到的运算操作符结合等号（=）演变出来的，以下列出复合操作符和等价的表达式：

相乘并赋值 "*="：A*=B 等效于 A=A*B

相除并赋值 "/="：A/=B 等效于 A=A/B

相加并赋值 "+="：A+=B 等效于 A=A+B

相减并赋值 "-="：A-=B 等效于 A=A-B

求余数赋值 "%="：A%=B 等效于 A=A%B

按位与并赋值 "&="：A&=B 等效于 A=A&B

按位或并赋值 "|="：A|=B 等效于 A=A|B

按位异或并赋值 "^="：A^=B 等效于 A=A^B

按位左移并赋值 "<<="：A<<=B 等效于 A=A<<B

按位右移并赋值 ">>="：A>>=B 等效于 A=A>>B

位右移填零并赋值 ">>>="：A>>>=B 等效于 A=A>>>B

6.4.6　字符串操作符

Flash 中对字符串的操作提供了连接字符串的操作符 "+"，还有字符串大小关系判断操作符。

字符串的连接操作，示例如下：

var a="北京";

var b="第 29 届奥运会";

var c;

c=a + b;

trace(c);

输出结果为：北京第 29 届奥运会。

字符串的大小关系判断操作符如下：

(1) eq 操作符　A eq B：字符串 A 值与字符串值 B 相等

(2) ge 操作符　A ge B：字符串 A 值大于等于字符串 B 值

(3) gt 操作符　A gt B：字符串 A 值大于字符串 B 值

(4) le 操作符　A le B：字符串 A 值小于等于字符串 B 值

(5) lt 操作符　A lt B：字符串 A 值小于字符串 B 值

(6) ne 操作符　A ne B：字符串 A 值不等于字符串 B 值

6.4.7　其他

除了前面所讲到的操作符外，还有一些在表达式中常用的操作符，例如：

(1) ""：字符串数据。

(2) ( )：括号用于改变运算优先级。

(3) =：　赋值操作符。

(4) typeof：返回变量类型。

6.4.8　运算优先级规律及结合律

在一条语句中使用两个或多个运算符时，一些运算符会优先于其他的运算符。运算符的优先级和结合律决定了处理运算符的顺序。

在使用乘法和加法运算符时，可以看到运算符优先级的一个示例：

```
var mySum:Number;
mySum = 2 + 4 * 3;
trace(mySum); // 14
```

结果为 14。

可以通过将表达式括在小括号中控制执行顺序。ActionScript 定义了一个默认的运算符优先级，可以使用小括号运算符"( )"来改变它。当在加法表达式两端加上小括号时，ActionScript 会首先执行加法，例如：

```
var mySum:Number;
mySum = (2 + 4) * 3;
trace(mySum); // 18
```

该语句的输出结果为 18。

运算符也可能具有相同的优先级。在这种情况下，结合律决定运算符执行的顺序。既可以有从左到右的结合律，也可以有从右到左的结合律。

再来看一看乘法运算符，它具有从左到右的结合律，因此以下两个语句是相同的：

```
var mySum:Number;
var myOtherSum:Number;
mySum = 2 * 4 * 3;
myOtherSum = (2 * 4) * 3;
trace(mySum); // 24
trace(myOtherSum); // 24
```

表 6-3 按优先级从高到低的顺序列出了 ActionScript 2.0 的运算符。在该表中，每一行中包含的运算符优先级相同。表中每一行运算符的优先级都高于出现在它下面的行中的运算符。

表 6-3　运算符优先级

组合	运 算 符	组合	运 算 符
乘法	* / %	"按位异或"	^
加法	+ -	"按位或"	|
按位移位	<< >> >>>	"逻辑与"	&&
关系	< > <= >= instanceof	"逻辑或"	||
等于	== != === !==	条件	?:
"按位与"	&	赋值	= *= /= %= += -= <<= >>= >>>= &= ^= |=

6.5　语句和程序结构

Flash 脚本语言中的语句大致分为赋值语句、条件语句、循环语句和跳转语句。为了很好使用脚本语言控制动画，Flash 的时间轴线的帧还能设置标签；为实现结构化的程序设计，Flash 的脚本还能自定义函数。

6.5.1 赋值语句

赋值语句是程序结构中最为简单的语句。赋值语句可以使用赋值运算符"="将一个给定的值赋予一个变量。也可以将一个字符串赋予一个变量，如下代码所示：

var myText:String = "ScratchyCat";

还可以使用赋值运算符给同一表达式中的几个变量赋值。在下面的语句中，数值 10 会被赋予变量 numOne、numTwo 和 numThree。

var numOne:Number;

var numTwo:Number;

var numThree:Number;

numOne = numTwo = numThree = 10;

也可以使用复合赋值运算符组合多个运算。此类运算符可以对两个操作数都执行运算，然后将新值赋予第一个操作数。例如，下面这两个语句具有相同的功能：

var myNum:Number = 0;

myNum += 15;

myNum = myNum + 15;

6.5.2 条件语句

用于检查一个条件是 true 还是 false 的语句以关键词 if 开头。如果条件计算为 true，则 ActionScript 执行下一条语句。如果条件计算为 false，ActionScript 将跳到此代码块外的下一条语句。

if 语句有几种书写形式，在不同的场合会使用不同的 if 语句。

1. 形式一

如果需要根据某一特定条件是否为 true 来执行一系列语句，要使用以下 if 语句的结构。

语法格式：

if(条件表达式){

    语句；

}

形式一的示例操作如下：

(1) 选择"文件"→"新建"，然后选择"Flash 文档"；

(2) 选择时间轴上的第 1 帧，然后在"动作"面板中键入下面的 ActionScript：

var amPm:String = "AM";// 创建一个字符串来保存 AM 和 PM

var current_date:Date = new Date( );

// 如果当前的小时值大于/等于 12，则将 amPm 字符串设置为"PM"。

if(current_date.getHours( )>=12){

    amPm = "PM";

}

trace(amPm);

(3) 选择"控制"→"测试影片"对 ActionScript 进行测试。

在此代码中，创建一个根据一天中的当前时间保存 AM 或 PM 的字符串。如果当前的小时值大于或等于 12，则将 amPm 字符串变量设置为 PM。最后，可以跟踪 amPm 字符串，当小时值大于或等于 12 时，将显示 PM。否则，将看到 AM。

2. 形式二

形式二的 if 语句格式为：

```
if(条件表达式){
    语句
}else{
    语句
}
```

if...else 条件语句会先测试一个条件，如果该条件成立则执行一个语句块，否则执行另一个语句块。

例如，以下代码测试 x 的值是否超过 20，超过时生成一条 trace( )语句，不超过时生成另一条 trace( )语句：

```
if (x > 20) {
    trace("x is > 20");
} else {
    trace("x is <= 20");
}
```

3. 形式三

if 语句的第三种形式的语法格式为：

```
if (condition) {
    语句；
} else if (condition) {
    语句；
} else {
    语句；
}
```

如果要检查一系列条件，就要在 Flash 项目中使用 if...else if 块。例如，如果要根据用户在一天中的访问时间在屏幕上显示不同的图像，可以创建一系列 if 语句来确定时间是清晨、下午、晚上还是夜间，然后显示适当的图像。

以下代码不仅测试 x 的值是否超过 20，还能测试 x 的值是否为负数：

```
if (x > 20) {
    trace("x is > 20");
} else if (x < 0) {
    trace("x is negative");
}
```

4. switch 语句

switch 语句创建 ActionScript 语句的分支结构。与 if 语句类似，switch 语句测试一个条件，并在条件返回 true 值时执行一些语句。

Switch 语句的语法格式为：

108

```
switch (表达式) {
case  值:
    语句;
    break;
case  值 :
    语句;
    break;
……
default :
    语句;
    break;
}
```

在使用 switch 语句时，break 语句指示 Flash 跳过此 case 块中其余的语句，并跳到位于包含它的 switch 语句后面的第一个语句。如果 case 块不包含 break 语句，就会出现一种被称为"落空"的情况。在这种情况下，接下来的 case 语句也会执行，直到遇到 break 语句或 switch 语句结束才停止。

所有 switch 语句都应包含一个 default case。default case 应该始终为 switch 语句中的最后一个 case，而且应包含一个 break 语句来避免添加其他 case 时出现落空错误。例如，如果下例中条件的计算结果均为 A，则 case A 和 B 的语句都会执行，因为 case A 缺少 break 语句。当一个 case 落空时，它没有 break 语句，但在 break 语句的位置会有一个注释，用户在下例中 case A 的后面会看到这个注释。在编写 switch 语句时，要使用以下格式：

```
switch (condition) {
    case A :
    // 语句
    // 落空
    case B :
    // 语句
    break;
    case Z :
    // 语句
    break;
    default :
    // 语句
    break;
}
```

switch 语句的应用示例如下：

```
var listenerObj:Object = new Object( );
listenerObj.onKeyDown = function( ) {
    // 使用 String.fromCharCode( ) 方法返回一个字符串。
    switch (String.fromCharCode(Key.getAscii( ))) {
```

```
        case "A" :
            trace("you pressed A");
            break;
        case "a" :
            trace("you pressed a");
            break;
        case "E" :
        case "e" :
            trace("you pressed E or e");
            break;
        case "I" :
        case "i" :
            trace("you pressed I or i");
            break;
        default :
            trace("you pressed some other key");
    }
};
    Key.addListener(listenerObj);
```

5. try...catch 和 try...catch...finally 语句

使用 try...catch...finally 代码块使用户能够在 Flash 应用程序中加入错误处理。try...catch...finally 关键字允许用户括起一个可能会发生错误的代码块，并对该错误作出响应。如果try代码块内的任何代码抛出了一个错误(使用throw 语句)，控制将传递给catch代码块(如果有)。然后，控制将传递给 finally 代码块(如果有)。无论是否有错误被抛出，可选的 finally 代码块都会执行。如果 try 代码块内的代码未抛出错误(也就是说，try 代码块正常完成)，则仍会执行 finally 代码块内的代码。

try...catch 和 try...catch...finally 语法格式：

```
try {
    // 语句
} catch (myError) {
    // 语句
}
try {
    // 语句
} catch (myError) {
    // 语句
} finally {
    // 语句
}
```

应用示例代码如下：

110

```
var n1:Number = 7;
var n2:Number = 0;
try {
    if (n2 == 0) {
        throw new Error("Unable to divide by zero");
    }
    trace(n1/n2);
} catch (err:Error) {
    trace("ERROR! " + err.toString( ));
} finally {
    delete n1;
    delete n2;
}
```

6.5.3 循环语句

ActionScript 可以按指定的次数重复一个动作，或者在特定的条件成立时重复动作。循环使你能够在特定条件为 true 时重复执行一系列语句。在 ActionScript 中有 4 种类型的循环：for 循环、for...in 循环、while 循环和 do...while 循环。不同类型的循环的行为方式互不相同，而且分别适合于不同的用途。

多数循环都会使用某种计数器，以控制循环执行的次数。每执行一次循环就称为一次累加。可以声明一个变量并编写一条相应语句：每执行一次循环，都让该语句对该变量递增或递减。

1. for 循环语句

for 循环允许用户对于特定范围的值迭代变量。for 循环在确切知道一系列 ActionScript 语句要重复执行的次数时非常有用。如果要在舞台上将一个影片剪辑复制特定的份数，或者对一个数组执行循环并对数组中的每个项目执行一项任务时，这种循环会非常有用。for 循环使用内置计数器重复动作。在 for 语句中，计数器和递增计数器的语句都是该 for 语句的一部分。

for 循环语句的语法格式：

```
for (init; condition; update) {
    // 语句；
}
```

必须在 for 语句中提供 3 个表达式：一个设置了初始值的变量、一个用于确定循环何时结束的条件语句，以及一个在每次循环中都更改变量值的表达式。例如，下面的代码循环 5 次。变量 i 的值从 0 开始以 4 结束，输出结果将是从 0 到 4 的 5 个数字，每个数字各占一行。

```
var i:Number;
for (i = 0; i < 5; i++) {
    trace(i);
}
```

2. for...in 循环语句

使用 for...in 语句遍历(或循环访问)影片剪辑的子级、对象的属性或数组的元素。子级包括其他影片剪辑、函数、对象和变量。for...in 循环语句的常见用法包括循环执行时间轴上的实例或循环执行对象中的键/值对。循环执行对象是调试应用程序的一种有效的方法，因为它允许用户查看 Web 服务或外部文档(如文本或 XML 文件)返回的数据。

例如，可以使用 for...in 循环来循环访问一个通用对象的属性(对象的属性不按任何特定的顺序保存，因此属性将以不可预知的顺序出现)：

```
var myObj:Object = {x:20, y:30};
for (var i:String in myObj) {
    trace(i + ": " + myObj[i]);
}
```

此代码将在"输出"面板中输出以下信息：

```
x: 20
y: 30
```

还可以循环访问数组中的元素：

```
var myArray:Array = ["one", "two", "three"];
for (var i:String in myArray) {
    trace(myArray[i]);
}
```

此代码将在"输出"面板中输出以下信息：

```
three
two
one
```

3. while 循环语句

使用 while 语句在条件成立时重复某动作，类似于 if 语句，只要条件为 true 就重复动作。

while 循环计算一个表达式的值，如果表达式为 true，则会执行循环体中的代码。如果条件计算结果为 true，再循环返回以再次计算条件前执行一条语句或一系列语句。条件计算结果为 false 后，则跳过语句或一系列语句并结束循环。在不确定要将一个代码块循环多少次时，使用 while 循环会非常有用。

例如，下面的代码将数字显示到"输出"面板中：

```
var i:Number = 0;
while (i < 5) {
    trace(i);
    i++;
}
```

数字显示到"输出"面板中：

```
0
1
2
3
4
```

112

使用 while 循环(而非 for 循环)的一个缺点是，编写 while 循环更容易导致无限循环。如果遗漏递增计数器变量的表达式，则 for 循环示例代码将无法编译；而 while 循环示例代码将能够编译。如果没有递增 i 的表达式，循环将成为无限循环。

do...while 循环语句和 while 循环语句是相似的，只是语法格式稍有不同。do...while 循环语句是在代码块结束时计算表达式的值，因此该循环总是至少执行一次。

6.5.4 跳转语句

Flash 中提供了 goto 语句，值得注意的是它是 Flash 特有的语句，其用法并不同于其他高级语言中的 goto 语句。Flash 中的 goto 语句是专门用于在不同的帧和场景中进行切换的。根据所填写参数的不同，goto 语句还有几种不同的变形形式。

gotoAndPlay([场景名，]<帧编号|帧标签|表达式>);

根据编号或者标签或者表达式结果，跳转到某一特定场景的某一个特定帧，并且继续动画的播放。

gotoAndStop([场景名，]<帧编号|帧标签|表达式>);

根据编号或者标签或者表达式结果，跳转到某一特定场景的某一个特定帧，并且停止动画的播放。

gotoAndPlay(<帧编号|帧标签|表达式>);

根据编号或者标签或者表达式结果，在同一个场景中跳转到某一特定帧，并且继续动画的播放。

gotoAndStop(<帧编号|帧标签|表达式>);

根据编号或者标签或者表达式结果，在同一个场景中跳转到某一特定帧，并且在该帧停止动画的播放。

nextFrame( );

跳转并停止在下一帧。

prevFrame( );

跳转并停止在上一帧。

nextScene( );

跳转到下一场景。

prevScene( );

跳转到前一场景。

通过 goto 语句可以灵活地实现场景的切换和帧流的控制，特别是在结合标签的使用后。

6.5.5 标签

Flash 中的标签是专门用于标识一个帧的，程序中无法定义一个标签。标签的唯一用途就在于给一个帧起一个有意义的名字。标签的合理利用可以大大提高程序的可阅读性和可维护性，不仅利于掌握动画流程，而且利于程序的结构化和代码重用。当然，在 Flash 中已经提供了定义函数的方法，但是标签所起到的作用却仍然是不可替代的。利用标签来控制动画流要比用帧编号好得多，相信有经验的用户都已经深有体会；而用标签来实现一个函数的定义和调用也是相当简洁明了的，至少可以很快地找到所定义的函数在什么地方，而这是 function 定义的函数所不能达到的。但是，用一个标签结合一个帧定义函数不能够传递参数，唯一的方法就是通过全局变量来实现。

引用一个标签的脚本指令只有 goto 语句和 call 语句。

6.5.6　函数

Flash 中函数定义的一般形式是：

function <函数名> (参数表)

　　　{ 函数体 }

Flash 中的函数无需定义返回类型，但是它可以返回任何一种类型的值。函数只可以传递值参，参数只在函数体内起作用，相当于该函数内部的局部变量，它们的生命周期随着函数生命周期的结束而结束。为函数返回一个值可以使用 return 语句。函数不支持递归调用，但是当递归调用函数的时候，语法检查并不报错，只是递归函数执行结果将与预期的结果不同。

例如：

```
function test( x, y )
{
 x=1;
y=2;
return x+y;
}
x=3;
y=4;
a=test(x,y);
b=x+y;
```

程序运行后结果如下：

x=3, y=4, a=3, b=7;

6.6　对　象　事　件

事件是播放 SWF 文件时发生的操作。事件(如鼠标单击或按键)称为用户事件，因为它是直接用户交互的结果。Flash Player 自动生成的事件(如舞台上电影剪辑的初始外观)称为系统事件，因为它不是用户直接生成的。

要使应用程序对事件做出反应，就必须使用事件句柄与特定对象和事件关联的 ActionScript 代码。例如，用户单击舞台上的按钮时，可能将播放头前进到下一帧。

6.6.1　事件句柄

事件句柄方法是在该类的实例上发生事件时调用的一种类方法。例如，MovieClip 类定义了 onPress 事件句柄，只要按下电影剪辑对象上的鼠标就会调用该句柄。但是与类的其他方法不同，不能直接调用事件句柄；发生相应事件时,Flash Player 自动调用该事件。

默认情况下未定义事件句柄，当发生特定事件时,其相应的事件句柄被调用,但是应用程序不会进一步响应该事件。要使应用程序响应该事件，使用函数语句定义一个函数，然后将该函数指定给相应的事件句柄。该事件发生时，会自动调用指定给事件句柄的函数。

114

事件句柄由三部分组成：事件所应用的对象、对象的事件处理函数方法的名称和分配给事件处理函数的函数。以下示例显示了事件句柄的基本结构：

```
对象.事件名称 = function ( ):Void {
        代码语句
};
```

例如，舞台上有一个名为"next_btn"的按钮。给按钮"next_btn"的 onPress 事件建立代码，如下：

```
next_btn.onPress = function ( ):Void {
    nextFrame( );
};
```

以上代码中，"next_btn"是舞台上按钮实例名称，在"属性"面板中可以设定。"onPress"是按钮类的事件句柄，书写此名称时注意大小写，最好通过工具添加，避免出错。等号后面的部分为定义函数的格式。大括号之内的就是该事件响应的用户代码了。任何对象的事件都可以使用这样的方法给对象建立事件响应过程。此事件控制播放头前进到当前时间线中的下一帧。

在 Flash 中能响应事件的对象大多是按钮和影片剪辑。给影片剪辑设置事件句柄，方法和上面的按钮事件一样，只是变换一下事件句柄名称。如舞台上有一个影片剪辑，实例名称为"mc",要想在影片剪辑播放时触发响应事件，可以设置 onEnterFrame 事件句柄。代码如下：

```
mc.onEnterFrame = function( ) {
    代码
};
```

6.6.2 事件监听器

事件监听器允许一个对象(称为监听器对象)接收另一个对象(称为广播器对象)广播的事件。广播器对象注册监听器对象以接收广播器生成的事件。例如，可以注册一个电影剪辑对象以从舞台接收 onResize 通知，或注册一个按钮实例，以从文本字段对象接收 onChanged 通知。可以注册多个监听器对象以从单个广播器接收事件，并且可以注册单个监听器对象以从多个广播器接收事件。

与事件句柄方法不同，用于事件的监听器—广播器模型允许多个代码片段监听相同的事件，不会有冲突。当各种代码片段监听相同的事件时，不使用监听器—广播器模型的事件模型(如 XML.onLoad( ))可能会出现问题：不同的代码片段在控制单个 XML.onLoad 回调函数时会发生冲突。使用监听器—广播器模型，可以轻松地向相同事件添加监听器，而不必担心代码瓶颈。

学习监听器，从按钮开始是一个不错的方法。按钮给用户的整个概念就是非常具有代表性的交互功能。当用户按下一个按钮的时候，一个用户所期待的结果就会发生。当按下一个按钮的事件被检测到或者这个事件是由 Flash 播放器发送出去的，在按钮上的 on (press)事件和里面的代码就会执行。还有一些按钮监听的事件，如释放(release)、滑上(rollOver)等。而 Flash 的影片剪辑也有类似的为一些事件如 enterFrame、mouseMove、keyDown 等探测的监听器。

下面利用监听器—广播器模型制作一个示例，在舞台上放置一个动态文本，要求鼠标单击时显示出文字来。动态文本在正常情况下是不能响应鼠标的 onMouseDown 事件的，但利用监听器—广播器模型就大不一样了。操作过程如下：

(1) 执行菜单"文件"→"新建"，建立一个新的 Flash 文档；

(2) 在图层 1 中建立一个文本对象，在"属性"面板中设置文本类型为"动态文本"，实例名称为"myTextField_txt"，字体为"黑体"，大小为 30，其他参数使用默认值；

(3) 添加图层 2，选择第 1 帧，打开"动作"面板，输入以下代码：

```
myTextField_txt.onMouseDown = function( ){
 myTextField_txt.text="北京 29 届奥运会!";
};
Mouse.addListener(myTextField_txt);
```

(4) 测试影片，只要在播放器里任何地方单击鼠标，"北京 29 届奥运会!"的文字就会出现。

6.6.3   on 句柄和 onClipEvent 句柄

on 句柄是指定触发动作的鼠标事件或按键。语法格式为：

```
on(mouseEvent:Object) {
      代码
}
```

参数说明：mouseEvent:Object——mouseEvent 是一个称为事件的触发器。当事件发生时，执行该事件后面大括号中的语句。可以为 mouseEvent 参数指定下面的任一值。

(1) press：当鼠标指针滑到按钮上时按下鼠标按钮。

(2) release：当鼠标指针滑到按钮上时释放鼠标按钮。

(3) releaseOutside：当鼠标指针滑到按钮上时按下鼠标按钮，然后在释放鼠标按钮前滑出此按钮区域。press 和 dragOut 事件始终在 releaseOutside 事件之前发生。

(4) rollOut：鼠标指针滑出按钮区域。

(5) rollOver：鼠标指针滑到按钮上。

(6) dragOut：当鼠标指针滑到按钮上时按下鼠标按钮，然后滑出此按钮区域。

(7) dragOver：当鼠标指针滑到按钮上时按下鼠标按钮，然后滑出该按钮区域，接着滑回到该按钮上。

(8) keyPress"<key >"按下指定的键盘键。对于该参数的 key 部分，指定一个键常数，如"动作面板"中的代码提示所示。可以使用这个参数来截取某个按键，也就是说，覆盖所指定键的任何内置行为。该按钮可以在应用程序中的任何地方，可以在舞台上或不在舞台上。此技术的一个局限是不能在运行时应用 on( )处理函数，必须在创作时应用它。要确保选择"控制"→"禁用键盘快捷键"，否则在使用"控制"→"测试影片"测试应用程序时某些具有内置行为的键不会被覆盖。

onClipEvent 句柄是为特定影片剪辑实例定义的触发动作。语法格式为：

```
onClipEvent(movieEvent:Object) {
     代码
}
```

参数说明：movieEvent:Object——movieEvent 是一个称为"事件"的触发器。当事件发生时，执行该事件后面大括号中的语句。可以为 movieEvent 参数指定下面的任一值。

(1) load：影片剪辑一旦被实例化并出现在时间轴中，即启动此动作。

116

（2）unload：在从时间轴中删除影片剪辑之后，此动作即在第 1 帧中启动，在将任何动作附加到受影响的帧之前处理与 unload 影片剪辑事件关联的动作。

（3）enterFrame：以影片剪辑的帧频连续触发该动作，在将任何帧动作附加到受影响的帧之前处理与 enterFrame 剪辑事件关联的动作。

（4）mouseMove：每次移动鼠标时启动此动作。使用 _xmouse 和 _ymouse 属性来确定鼠标的当前位置。

（5）mouseDown：当按下鼠标左键时启动此动作。

（6）mouseUp：当释放鼠标左键时启动此动作。

（7）keyDown：当按下某个键时启动此动作，使用 Key.getCode( )检索有关最后按下的键的信息。

（8）keyUp 当释放某个键时启动此动作，使用 Key.getCode( )检索有关最后按下的键的信息。

（9）data：在 loadVariables( )或 loadMovie( )动作中接收到数据时启动该动作。当与 loadVariables( )动作一起指定时，data 事件只在加载最后一个变量时发生一次。当与 loadMovie( )动作一起指定时，则在检索数据的每一部分时，data 事件都重复发生。

在舞台上给按钮对象和影片剪辑对象通过 on 句柄或 onClipEvent 句柄设置响应事件，可参考"6.1.2 代码编写操作"。

下面利用 onClipEvent 句柄制作一个显示鼠标在播放器中的坐标位置值的示例，将 onClipEvent( )与 load 和 mouseMove 影片事件一起使用。xmouse 和 ymouse 属性在鼠标每次移动时跟踪鼠标的位置，鼠标位置显示在运行时创建的文本字段中。

（1）执行菜单"文件"→"新建"，建立一个新的 Flash 文档；

（2）执行菜单"插入"→"新建元件"，选择为影片剪辑；

（3）在影片剪辑编辑环境中不需要添加如何图形或对象，直接返回场景编辑环境；

（4）打开"库"面板，从中拖出一个影片剪辑实例放置在舞台上，并选中这个影片剪辑实例，打开"动作"面板；

（5）在代码编辑器中输入以下代码：

```
onClipEvent(load){
this.createTextField("coords_txt", this.getNextHighestDepth( ), 0, 0, 100, 22);
coords_txt.autoSize = true;
coords_txt.selectable = false;
}
onClipEvent(mouseMove){
 coords_txt.text = "X:"+_root._xmouse+",Y:"+_root._ymouse;
}
```

（6）执行菜单"控制"→"测试影片"，在播放器移动就会看到鼠标的坐标值在实时显示。

6.7 脚本语言在动画制作中的应用

6.7.1 下雨涟漪效果

借助 Actionscript 脚本代码，能够制作出一些常规动画技术无法做到的效果，如想制作一个雨天湖面上涟漪四起的场面，利用常规的做法所取得的效果不尽人意，因为雨滴是随机的，所以常规的方法无法实现。如图 6-7 所示为下雨的动画效果。

制作思路：湖面上涟漪四起，实际上只有一滴雨的动画效果，其他的雨滴通过复制影片剪辑实现。整个动画仅包含两个影片剪辑，一个为雨滴从高处低落的动画，另一个为涟漪动画。雨滴落下和涟漪是相连的，这样第一个影片剪辑嵌套着第二个涟漪影片剪辑。

(1) 执行菜单"文件"→"新建"，建立一个新的 Flash 影片文档。打开"属性"面板，设置舞台大小为 800×600 像素，背景色为深蓝色，帧频为 50。

(2) 执行菜单"插入"→"新建元件"，选择为影片剪辑，名称为"ripple"，点击"确定"按钮后进入影片剪辑编辑环境。

(3) 打开"混色器"面板，选择"椭圆工具"，在"混色器"面板中设置笔触的 alpha 值为 0。填充颜色类型为"放射状"，如图 6-8 所示。设置 3 个色标滑块，左边的色标滑块红绿蓝值全为 255，alpha 值为 0%，中间的红绿蓝值全为 0，alpha 值为 0%，右边的红绿蓝值全为 255，alpha 值为 100%。

图 6-7　动画效果

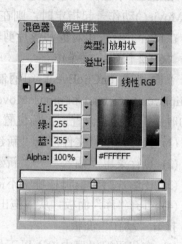

图 6-8　混色器

(4) 按住"Shift"键，在工作区中绘制一个正圆，如图 6-9 所示。利用"任意变形工具"将正圆拖至中点处，并缩小为最小。

(5) 在时间轴线上的第 5 帧和 45 帧处单击鼠标右键，选择"插入关键帧"。选择第 5 帧，利用"任意变形工具"把圆变为如图 6-10 所示的形状。选择第 45 帧把图形继续变大些，并在"混色器"面板中把 3 个色标滑块的 alpha 值全设为 0%。分别选择第 1 帧和第 5 帧，在"属性"面板中设置补间为"形状"。涟漪影片剪辑动画制作完成。时间轴线编辑情况如图 6-11 所示。

图 6-9　绘制正圆

图 6-10　变形正圆

(6) 执行菜单"插入"→"新建元件"，选择为影片剪辑，名称为"drop"，点击"确定"按钮后进入影片剪辑编辑环境。利用"椭圆工具"，笔触 alpha 值为 0%，填充颜色为黑白放射状。接着绘制一个小的椭圆形，并进行变形处理，制作成水滴形状，如图 6-12 所示。

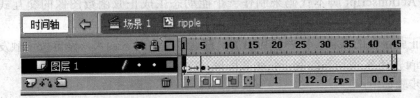

图 6-11　时间轴线编辑状态　　　　　　　图 6-12　雨滴图形

(7) 在时间轴线上第 25 帧处插入关键帧，把图形移至下方。选择第 1 帧，打开"属性"面板，设置补间为"形状"。在第 28 帧处插入关键帧，将图形压扁。增加图层 2，在第 25 帧处插入空白关键帧，把"ripple"影片剪辑从库中拖出，放置到和图层 1 的水滴一致的位置。在图层 2 的第 65 帧处插入空白关键帧，打开"动作"面板，输入以下代码：

```
removeMovieClip("");
```

(8) 返回到场景编辑环境，在图层 1 的第 1 帧中导入背景图，并设置背景图和舞台位置大小一致。

(9) 增加图层 2，从库中把"drop"影片剪辑拖出放置到舞台的右上角处，在"属性"面板中设置实例名为"raindrop"。对图层 1 和图层 2 分别在第 3 帧处插入帧。

(10) 增加图层 3，在图层 3 上分别在第 1、3 帧上插入空白关键帧。打开"动作"面板，在第 1 帧中输入以下代码：

```
n=0;
```

第 2 帧中输入以下代码：

```
n = Number(n)+1;
setProperty("raindrop", _x, -30+Math.random( )*800);
setProperty("raindrop", _y, -125+Math.random( )*200);
duplicateMovieClip("raindrop", "", n);
if(n>=200){n=0;}
```

第 3 帧中输入以下代码：

```
gotoAndPlay(2);
```

时间轴线编辑情况如图 6-13 所示。

(11) 测试影片，可看到如图 6-7 所示的效果，雨滴飘飘洒洒，湖面涟漪荡漾。

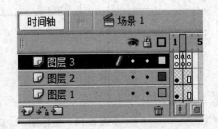

图 6-13　场景时间轴线编辑状态

动画播放过程中，在场景的时间轴线上，有 3 帧脚本代码的执行，影片的播放速率为 50 帧频。开始从第 1 帧播放，一个时间轴变量有效并赋初值。播放到第 2 帧，第 2 帧中的代码被执行变量 n 加 1，接着利用函数 setProperty 设置影片剪辑的坐标位置，坐标位置使用了随机数。再利用函数 duplicateMovieClip 复制影片剪辑"raindrop"。播放到第 3 帧时，执行"gotoAndPlay(2);"跳回到第 2 帧，第 2 帧的代码又一次被执行，又复制出一个影片剪辑。这样在速率为 50 帧频的速度下，很多个雨滴涟漪的影片剪辑被复制出来，并随机放置，最后就看到了下雨湖面上涟漪荡漾的效果了。

6.7.2　动态绘制正弦函数曲线课件

课堂教学中借助动画动态生成函数的图像，对认识和分析函数图像性质很有帮助，效果甚佳。在此利用 Actionscript 脚本代码来制作一个能动态生成正弦函数图像的交互式动画。

制作思路：要求正弦函数的振幅、频率和初相值，都通过文本对象输入，确定按钮触发事件，利用 Actionscript 脚本实现动态绘制正弦函数图像。

制作过程的具体步骤如下：

(1) 新建一个 Flash 影片文档，在属性面板中设置背景为深黄绿色，舞台大小为 600×500。

(2) 制作元件。整个动画共需要 4 个元件，两个按钮元件，一个是执行生成正弦函数图像按钮"执行"，一个是清除图像按钮"清除"；两个影片剪辑，一个影片剪辑中用铅笔工具在编辑区中央画一个点，因为要用它来复制逐点绘制正弦函数图像，另一个影片剪辑中画上平面直角坐标系，如图 6-14 所示。

(3) 设计场景界面。场景图层 1 上先放置 3 个"输入文本"对象，用来输入不同数值。文本框左边用"静态文本"标识 3 个"输入文本"框的作用，从上至下依次是"振幅"、"频率"和"初相"。这 3"输入文本"框的变量名至上而下依次是"hight"、"freq"、"c"。然后把"执行"、"清除"这两个按钮从库中拖动到合适位置。在右边用"静态文本"写出"Y =空格 sin(空格 X+空格)"(空格留出放置动态文本，切勿当成文字)，然后在空格处放置 3 个"动态文本"对象，用于显示所输入三角函数的具体公式，3 个"动态文本"对象的变量名称从左至右分别是"QQ"、"ww"、"ee"。这些就构成了这个图像生成器的主要界面，如图 6-15 所示。

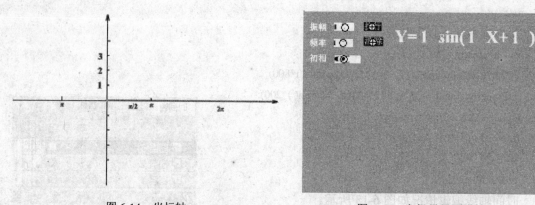

图 6-14　坐标轴　　　　　　　　　　图 6-15　主场景界面设计

增加图层 2，从库中把点影片剪辑放置到图层 2，实例名称为"point1"。增加图层 3，其中放置坐标影片剪辑，实例名称为"zuobiao"。

(4) 添加脚本代码。增加图层 4，依次插入 4 个空白关键帧。接下来对图层 4 的 4 个空白关键帧写入脚本代码。

第 1 帧代码：

```
k=20000;              //设置变量的初始值
j=0;,
```

第 2 帧代码：

```
i = 0;
draw = 1;
j=j+1;              //定义变量
duplicateMovieClip("point1", "point",67778);
setProperty("point", _x, 320);
setProperty("point", _y, 240);
xpos = _root.point._x;
duplicateMovieClip("zuobiao", "zuobiao1",1);
setProperty("zuobiao", _x,220);
setProperty("zuobiao", _y,240);
xpos = _root.point._x;
ypos = _root.point._y;
stop( );
```

第 3 帧代码：

```
do{
duplicateMovieClip("point", "point"+i, k);
setProperty("point"+i, _x, i-22);
xx = getProperty("point"+i, _x);
setProperty("point"+i, _y,ypos-hight*Math.PI*10*func((xx/(Math.PI*10))*freq));
v=c % (2*Math.PI);
setProperty("point"+i, _x, i-(v*Math.PI*10)-196);
bodyColor = new Color("point"+i);
r = (j%5) +1;
if(r == 1) {
    bodyColor.setTransform({rb: 255,bb:0,gb:0});
    }
  else if (r == 2) {
    bodyColor.setTransform({gb: 255,rb:0,bb:0});
    }
    else if(r == 3) {
      bodyColor.setTransform({rb: 255,gb: 255,bb:0});
      }else if (r == 4) {
      bodyColor.setTransform({gb: 255,bb: 255,rb:0});
          } else {
        bodyColor.setTransform({bb: 255,rb:255,gb:255});
        }
      i = i+1;
      k++;
      draw = draw+1;
  } while (draw<=20);
```

第 4 帧代码：

```
if (number(i)>=1060) {
  gotoAndPlay(2);
  k-=2400;
} else {
    draw = 1;
    gotoAndPlay(3);
}
```

"执行"按钮的代码：

```
on (release) {
        QQ=hight;
    ww=freq;
    ee=c;
    func = Math.sin;
    gotoAndPlay(3);
}
```

"清除"按钮的代码：

```
on (release) {
  for (n=0;n<=1060;n++)
    {removeMovieClip("point"+n);};
}
```

(5) 整个动画的时间轴线编辑情况如图 6-16 所示。

(6) 测试影片剪辑，输入相关数据后点击"执行"按钮，一条正弦函数曲线就绘制出来了，如图 6-17 所示。

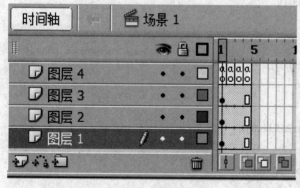

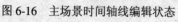

图 6-16　主场景时间轴线编辑状态

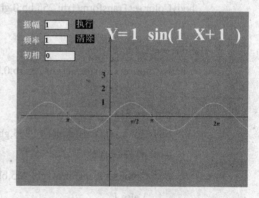

图 6-17　动画效果

6.7.3　弹簧阻尼振荡

利用 Flash 制作中学物理课程的教学演示动画，对辅助课堂教学效果更为突出，能够给学生提供更充分的实验现象观察信息。下面介绍制作物理课程的弹簧阻尼振荡动画，在振荡过程给出图像描述振荡衰减过程。

122

制作思路：振荡的弹簧一端固定，另一端悬挂一个重力物体。给弹簧施加一个力，让弹簧振荡起来。由于弹簧在交互过程要发生形变和位置变动，因此将其制作成影片剪辑，动画交互过程中利用脚本能够很好地操作影片剪辑。建立一个用于和鼠标交互的影片剪辑，因为能够接受鼠标交互的对象是按钮，所以其中嵌套一个按钮对象，弹簧图形制作成一个影片剪辑。

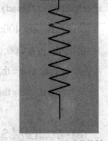

(1) 新建一个 Flash 文档，在"属性"面板中设置背景为浅绿色，舞台大小为 800×600 像素，帧频为 50。

(2) 创建弹簧影片剪辑，执行菜单"插入"→"新建元件"，选择为影片剪辑，名称为"tanhuang"，在影片剪辑编辑环境中，利用"线条工具"绘制出弹簧的形状，如图 6-18 所示。

图 6-18　绘制弹簧

(3) 创建按钮元件，执行菜单"插入"→"新建元件"，选择为按钮，名称为"wuti"，在按钮编辑环境里，利用"椭圆工具"和"矩形工具"在弹起帧里绘制一个重力物体，如图 6-19 所示。接着把弹起帧复制粘贴到点击帧，如图 6-20 所示。

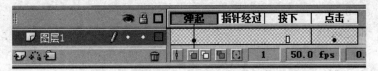

图 6-19　重力球　　　　　　　　图 6-20　按钮元件编辑

(4) 执行菜单"插入"→"新建元件"，选择为影片剪辑，名称为"wutib"，在影片剪辑编辑环境中，将步骤(3)中创建好的按钮拖出一个实例，并为按钮设置触发事件，在"动作"面板中输入以下代码：

```
on (press) {
 startDrag("",false,_root.xw,_root.yw-30,_root.xw,_root.yw+30);
}
on (release) {
    stopDrag( );
    _root.drag = true;
}
```

(5) 执行菜单"插入"→"新建元件"，选择为影片剪辑，名称为"dian"，在影片剪辑编辑环境中，利用"铅笔工具"在中心位置点出一个小圆点，颜色黑色。

(6) 返回场景编辑环境，在图层 1 中放置弹簧影片剪辑的一个实例，位置为舞台上中间地方，在"属性"面板中命名为"spring"。为该影片剪辑编写脚本代码，打开"动作"面板，输入以下代码：

```
onClipEvent (load) {
    this._x = 400;
    this._y = 125;
    this._yscale = 100;
    _root.ys = this._y;
```

123

```
        _root.sp = this._yscale;
    }
```

(7) 增加图层 2，把步骤(4)建立的影片剪辑从库中拖出，放置在弹簧下端位置处，命名为"weight"。为该影片剪辑编写脚本代码，打开"动作"面板，输入以下代码：

```
onClipEvent (load) {
    this._x = 400;
    this._y = 200;
    _root.xw = this._x;
    _root.yw = this._y;
}
```

(8) 增加图层 3，把步骤(5)建立的影片剪辑从库中拖出，放置在舞台左下方稍微上一些的位置，命名为"dot"。

(9) 增加图层 4，在图层 4 上从第 1 帧起，连续插入 3 帧空白关键帧，其他 3 个图层的帧延续到第 3 帧。图层 4 的第 1 帧中输入以下代码：

```
ni=0;
nj=0;
dot._x=10;
dot._y=450;
drag=false;
```

第 2 帧输入以下代码：

```
_root.spring._yscale = sp+0.5*(_root.weight._y-yw);
_root.spring._y = ys+0.375*(_root.weight._y-yw);
if (nj>0) {
    _root.weight._y = yw+n;
    spring._yscale = sp+0.5*n;
    spring._y = ys+0.375*n;
}
if (drag) {
    var e = 2.71828;
    if (nj<1) {
        y = 2*(getProperty("weight", _y)-yw);
        nj = 1;
    }
    xp = getProperty("dot", _x);
    yp = getProperty("dot", _y);
    bn = "dot" + ni;
    duplicateMovieClip("dot", bn, ni);
    setProperty(bn, _x, xp+ni);
    setProperty(bn, _y, yp+n);
    n = y*Math.pow(e, -0.005*ni)*Math.sin(0.2*ni);
```

124

```
        im = ni;
        ni++;
        nx = getProperty(bn, _x);
        if (nx>800) {
            for (m=0; m<=im; m++) {
                cn = "dot" + m;
                removeMovieClip(cn);
            }
            gotoAndPlay(1);
        }
    }
```

第 3 帧中输入以下代码:

```
    if (drag) {
        var e = 2.71828;
        if (nj<1) {
            y = 2*(getProperty("weight", _y)-yw);
            nj = 1;
        }
        xp = getProperty("dot", _x);
        yp = getProperty("dot", _y);
        bn = "dot" + ni;
        duplicateMovieClip("dot", bn, ni);
        setProperty(bn, _x, xp+ni);
        setProperty(bn, _y, yp+n);
        n = y*Math.pow(e, -0.005*ni)*Math.sin(0.2*ni);
        im = ni;
        ni++;
        nx = getProperty(bn, _x);
        if (nx>800) {
            for (m=0; m<=im; m++) {
                cn = "dot" + m;
                removeMovieClip(cn);
            }
            gotoAndPlay(1);
        }
    }
    gotoAndPlay(2);
```

(10) 这个动画的时间轴线编辑情况如图 6-21 所示。测试影片，用鼠标向下拖动重力物体，松开鼠标后会看到弹簧受力振荡起来，同时绘制出一条正弦曲线，反映出振荡衰减过程，如图 6-22 所示。

图 6-21　主场景时间轴线编辑状态

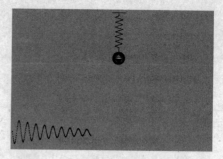
图 6-22　动画效果

6.8　思考与制作题

(1) 区别对象、类、属性、方法、事件的概念。

(2) 事件监听和事件句柄的使用方法。

(3) 各类变量的异同，区分时间周期，在实际中正确应用。

(4) 对象脚本代码和帧代码的执行机制。

(5) 制作根随鼠标移动的满天繁星。

(6) 利用 Actionscript 脚本代码制作彗星拖尾动画。

第 7 章　使用视频和声音控制

本章主要内容:

※　使用视频
※　控制声音
※　应用实例

在 Flash 中不仅可以制作各种各样绚烂无比、变幻多彩的动画影片，其中还能导入视频和声音以加强动画制作的力量，多媒体能力表现得更加强大，处理各种媒体信息的能力更为突出。本章介绍 Flash 中关于使用视频资料和对声音的控制的内容。

7.1　使　用　视　频

7.1.1　认识 Flash 视频功能

Macromedia Flash Basic 8 和 Macromedia Flash Professional 8 提供了几种将视频放入 Flash 文档的方法。选择部署视频的方式将决定在 Flash 中创建和集成视频内容的方式。Flash 提供了多种集成和传送视频内容的方法。可以用来将视频资料融入 Flash 中的方法包括以下几种。

1. 传送视频内容流

Flash 能使创作者在 Flash Communication Server 中承载视频文件。Flash Communication Server 是为传送实时流媒体而进行了优化的服务器解决方案。创作者可以将本地存储的视频剪辑导入 Flash 文档中，以后将这些文档上载至服务器。此举可以轻松地组合和开发 Flash 内容。创作者还可以使用新增的 FLVPlayback 组件或 ActionScript 脚本语言来控制视频回放，以及提供直观的控件以方便用户与该视频交互。

创作者可以建立自己的 Flash Communication Server，也可以使用寄宿 Flash 视频流服务 (Flash Video Streaming Services，FVSS)。Macromedia 已经与一些内容传送网络(Content Delivery Network，CDN)提供商建立了合作伙伴关系，可以提供能够跨高性能、可靠的网络按需传送 Flash 视频的寄宿服务。FVSS 构建在 Flash Communication Server 的基础上，而且已直接集成到 CDN 网络的传送、跟踪和报告基础结构中。因此，它可以提供一种最有效的方法，用于向尽可能多的观众传送 Flash 视频，而且省去设置和维护自己的流服务器硬件和网络的麻烦。

2. 从 Web 服务器渐进式下载视频

在无法访问 Flash Communication Server 或 FVSS 的情况下，如果使用渐进式下载，则仍可以享受从外部源下载视频的好处。从 Web 服务器渐进式下载视频剪辑的效果比实时效果差，而 Flash Communication Server 可以提供实时效果。在使用相对较大的视频剪辑时，同时又想保持发布的 SWF 文件为最小，可以使用新增的 FLVPlayback 组件或 ActionScript 来控制视频回放，以及提供直观的控件以方便用户与该视频交互。

3. 导入嵌入的视频

嵌入的视频允许将视频文件嵌入到 SWF 文件。使用这种方法导入视频时，该视频放置于时间轴中可以看到时间轴帧所表示的各个视频帧的位置。与导入的位图或矢量插图文件一样，嵌入的视频文件也将成为 Flash 文档的一部分。

在使用嵌入的视频创建 SWF 文件时，视频剪辑的帧频必须和 SWF 文件的帧频相同。如果对 SWF 和嵌入的影片剪辑使用不同的帧频，则回放时将会不一致。如果需要使用可变的帧频，则要使用渐进式下载或 Flash Communication Server 作为传送选项来导入视频。在使用这些方法中的任何一种导入影片时，FLV 文件都是自包含文件，它的运行帧频与该 Flash 影片中包含的所有其他时间轴帧频都不同。

可以将视频剪辑作为 QuickTime 视频(MOV)、音频视频交叉文件(AVI)、运动图像专家组文件 (MPEG) 或其他格式的嵌入文件导入到 Flash，具体情况视系统而定。

4. 导入 QuickTime 格式的视频

导入 QuickTime 视频剪辑时，可以从 Flash 文件链接到该视频，而不是嵌入该视频。导入到 Flash 中的链接 QuickTime 视频并不会成为 Flash 文件的一部分。而是在 Flash 中保留指向源文件的指针。

如果链接到 QuickTime 视频，则必须将 SWF 文件发布为 QuickTime 视频，因为无法以 SWF 格式显示链接的 QuickTime 剪辑。该 QuickTime 文件包含 Flash 轨道，但是链接的视频剪辑仍然为 QuickTime 格式。

可以在 Flash 中缩放、旋转 QuickTime 视频和将其制作为动画。但是，无法在 Flash 中补间链接的 QuickTime 视频内容。

5. 导入库中的 FLV 文件

可以使用"导入"或"导入到库"命令，或者"嵌入视频属性"对话框中的"导入"按钮导入 FLV 格式的文件。

如果要创建自己的视频播放器(该播放器将从外部源中动态加载 FLV 文件)，则应将视频放在影片剪辑元件中。这样，当用户动态加载 FLV 文件时，可以调整影片剪辑的尺寸，以匹配 FLV 的实际尺寸。还可以通过缩放影片剪辑来缩放视频。使用嵌入的视频时，最佳的做法是将视频放在影片剪辑实例内，因为这样可以更好地控制该内容。视频的时间轴独立于主时间轴进行播放，不必为容纳该视频而将主时间轴扩展很多帧，这样做会使得难以使用 FLV 文件。

6. 使用 FLVPlayback 组件

使用 Flash Professional 8 媒体组件，可以快速而轻松地向文档中添加 Flash 视频和回放控件。再使用指令点，即可让视频与动画、文字和图片同步起来。例如，可以创建一个 Flash 演示文稿，使屏幕的一个区域播放视频，而另一区域显示文字和图片。视频中的指令点触发文字和图片的更新，使它们与视频的内容保持对应。

FLVPlayback 是 Flash Professional 8 中的新增组件，使用它可以快捷顺利地实现视频，而且与 Flash 早期版本中提供的组件相比，它提供的功能集更为丰富。使用 FLVPlayback 组件，可以播放从 FVSS 或 Flash Communication Server 通过 HTTP 传送的渐进式流视频所提供的视频。

7. 使用 ActionScript 控制外部视频回放

可以在运行时加载 FLV 文件，并在 SWF 文件中播放。可以将这些文件加载到视频对象或诸如 FLVPlayback 之类的组件中。

8. 在时间轴中控制视频回放

可以通过控制包含视频的时间轴来控制嵌入或链接视频文件的回放。例如，要暂停正在主时间轴上播放的视频，可以调用以此时间轴为目标的 stop( )动作。同样地，可以通过控制某个影片剪辑元件的时间轴的回放来控制该元件中的视频对象。

可以对影片剪辑中导入的视频对象应用以下动作：goto、play、stop、toggleHighQuality、stopAllSounds、getURL、FScommand、loadMovie、unloadMovie、ifFrameLoaded 和 onMouseEvent。要对 Video 对象应用这些动作，必须先将 Video 对象转换为影片剪辑。

7.1.2　支持的视频文件格式

如果系统上安装了适用于 Apple Macintosh 的 QuickTime 7、适用于 Windows 的 QuickTime 6.5 或安装了 DirectX 9 或更高版本(仅限 Windows)，则可以导入多种文件格式的视频剪辑，包括 MOV、AVI 和 MPG/MPEG 等格式。可以导入 MOV 格式的链接视频剪辑，可以将带有嵌入视频的 Flash 文档发布为 SWF 文件。带有链接视频的 Flash 文档必须以 QuickTime 格式发布。

如果安装了 QuickTime 7，则导入嵌入视频时支持的视频文件格式如表 7-1 所列。

如果系统安装了 DirectX 9 或更高版本(仅限 Windows)，则在导入嵌入视频时支持的视频文件格式如表 7-2 所列。

表 7-1　QuickTime 支持嵌入视频格式

文件类型	扩展名
音频视频交叉	.avi
数字视频	.dv
运动图像专家组	.mpg、.mpeg
QuickTime 视频	.mov

表 7-2　DirectX 9 支持嵌入视频格式

文件类型	扩展名
音频视频交叉	.avi
运动图像专家组	.mpg、.mpeg
Windows Media 文件	.wmv、.asf

默认情况下，Flash Video Encoder 使用 On2 VP6 视频编解码器导出要在 Flash Player 8 中进行播放的已编码视频，使用 Sorenson Spark 编解码器导出要在 Flash Player 7 中进行播放的已编码视频。编解码器是一种压缩/解压缩算法，它可以控制视频文件在编码期间的压缩方式和回放期间的解压缩方式。创建使用视频的 Flash 内容时，首选的视频编解码器是 On2 视频编解码器。On2 提供最佳的视频品质组合，同时又保持较小的文件大小。

如果 Flash 内容动态地加载 Flash 视频(使用渐进式下载或 Flash Communication Server)，则可以使用 On2 VP6 视频而无需为 Flash Player 8 重新发布 SWF，前提是用户使用 Flash Player 8 查看内容。通过将 On2 VP6 视频流传送到或下载到 Flash SWF 6 或 Flash SWF 7 中，然后使用 Flash Player 8 播放该视频，无需重新创建 SWF 文件，便可以使用 Flash Player 8 播放。编码器支持的 Flash 版本如表 7-3 所列。

表 7-3　Flash 各版本的编解码器

编解码器	内容 (SWF) 版本(发布版本)	Flash Player 版本(回放所需的版本)
Sorenson Spark	6	6、7、8
	7	7、8
On2 VP6	6	8
	7	8
	8	8

　　由于 MPEG 将文件的视频和音频部分编码到一个轨道中，因此，将 MPEG 文件编码为 FLV 文件可能会导致音频部分被消除(或被"丢弃")。这种情况主要发生在将视频文件编码为 FLV 格式的情况下(使用 Macintosh 平台)。在 Macintosh 上，MPEG 视频是使用 QuickTime 导入的。虽然 QuickTime 可以正确回放带有音频编程的 MPEG 文件，但是 QuickTime 不支持从 MPEG 文件中提取音频内容。

7.1.3　导入视频

　　将 Flash 支持的视频文件导入影片动画中使用，Flash 提供了视频导入向导，可创作方便快捷地将要使用的视频资料导入库中使用。"视频导入"向导为视频导入到 Flash 文档提供了简洁的界面。通过此向导，可以选择将视频剪辑导入为流式文件、渐进式下载文件、嵌入文件还是链接文件。而且根据文件的位置，"视频导入"向导为不同的部署提供一系列选项。

　　如果要导入的视频剪辑位于本地计算机，则可以浏览至该剪辑，然后导入视频。也可以导入存储在远程 Web 服务器或 Flash Communication Server 上的视频，方法是提供该文件的 URL。

　　如果视频剪辑位于 Flash Communication Server 或 Web 服务器上，则只能将它导入为流文件或渐进式下载文件使用，无法将远程文件导入为嵌入的视频剪辑使用。

　　以下是使用"视频导入"向导导入视频的操作过程。

　　(1) 执行菜单"文件"→"导入"→"导入视频"，则出现如图 7-1 所示的对话框。

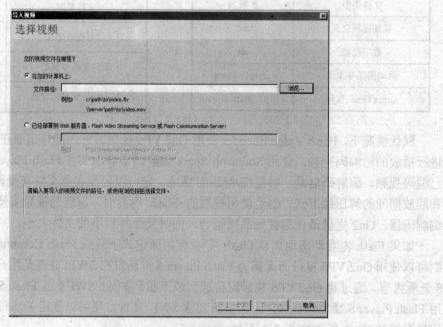

图 7-1　导入视频对话框

(2) 在如图 7-1 所示的对话框中选择要导入的视频在何处，是本地计算机中的视频文件，还是服务器。如果是本地计算机的视频文件，单击"浏览"按钮，出现"文件打开"对话框，从中找到所要导入的视频文件。如果是在服务器上，则输入视频文件在服务器上的 URL。

(3) 制定好视频文件所在位置后，单击"下一步"按钮，出现如图 7-2 所示的对话框；

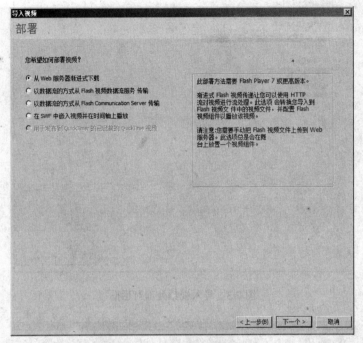

图 7-2　导入视频部署方式

向导界面上提供了导入视频的部署方式：

① 从 Web 服务器渐进式下载；

② 以数据流的方式从 Flash 视频数据流服务传输；

③ 以数据流的方式从 Flash Communication Server 传输；

④ 在 SWF 中嵌入视频并在时间轴上播放；

⑤ 用于发布到 QuickTimer 的已链接 QuickTime 视频。

每一种方式选择后右边都有对应的解释，根据视频在 Flash 影片中的使用，选择合适的部署方式。

(4) 选择部署方式后，单击"下一步"按钮，出现如图 7-3 所示的向导界面。其中的符号类型是将导入的视频当作何种类型对待，选项值有：

① 嵌入的视频；

② 影片剪辑；

③ 图形。

音频轨道选项设置将对视频中的音频数据做怎样的处理，选项值有：

① 集成，将音频数据和视频数据放在一起；

② 分离，把音频数据从视频中提取出来。

界面上有两个复选项，是对导入视频直接在舞台上生成实例；两个单选项一个是嵌入整个视频，直接将视频全部导入 Flash 影片中，另一个是先编辑视频，对导入视频做剪辑处理，编辑界面如图 7-4 所示。在拆分视频处理界面上可以对所导入的视频切除成几个小单元。

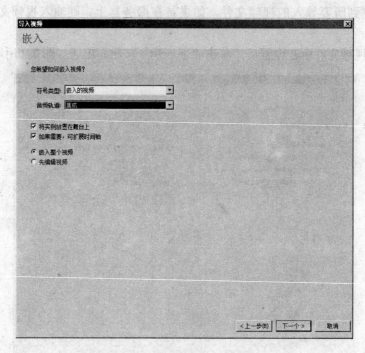

图 7-3　导入视频处理对话框

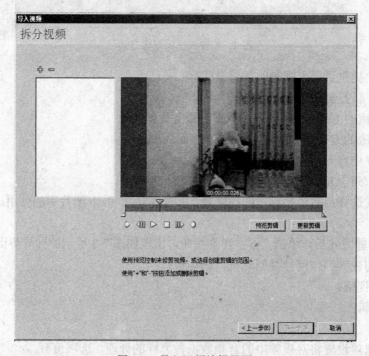

图 7-4　导入视频编辑界面

(5) 在步骤(4)的界面上选择了"嵌入整个视频"将跳过图 7-4 的界面，直接进入如图 7-5 所示的界面。如果先进入"拆分视频"对视频分段处理，之后也一样进入如图 7-5 所示的界面。图 7-5 的界面提供对导入的视频做编码配置处理，以使视频在播放中占用存储空间小、画质高。

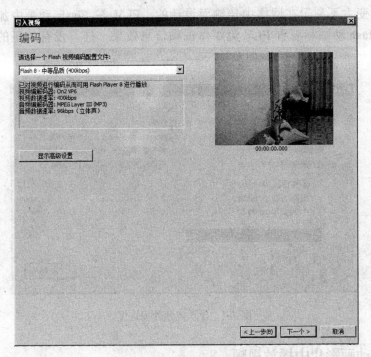

图 7-5　导入视频选择编码方式

(6) 单击"下一步"按钮，进入最后一步设置，如图 7-6 所示。

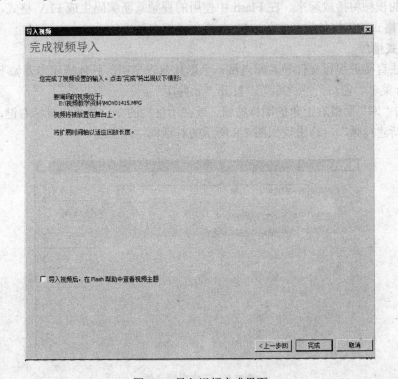

图 7-6　导入视频完成界面

(7) 单击"完成"按钮后，将显示视频编码进度对话框，如图 7-7 所示。导入到 Flash 中的视频文件将重新编码生成 FLV 格式的流媒体视频文件。FLV 是为解决 Flash 动画导入视频后体积变大不利于在网络中传输而设计的。FLV 在 Flash 动画中加载速度快，在网络中观看 Flash 动画和观看 FLV 流媒体视频信息效果一样，没有丝毫的停顿或缓冲的现象。

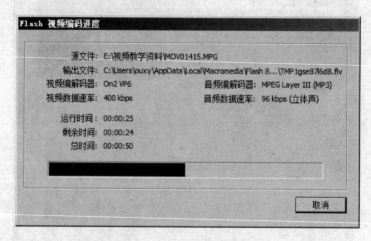

图 7-7　导入视频处理进度

7.1.4　Flash 动画影片中播放视频

完成了把外部的视频导入到 Flash 中后就可以将其放置在舞台上使用了，测试 Flash 影片时，所使用的视频将播放起来。在 Flash 中使用的视频重新编码生成 FLV 格式，对播放现成的外部 FLV 格式的流媒体视频文件，Flash 提供了很多种方法。

1. 嵌入式播放

这种方法直接把视频文件导入库当做一个影片剪辑使用，具体操作步骤如下：

(1) 执行菜单"窗口"→"库"，打开"元件库"；

(2) 单击"库"面板右上角的图标按钮，或在项目栏的空白处单击鼠标右键，在弹出的菜单中选择"新建视频"，将出现如图 7-8 所示的对话框；

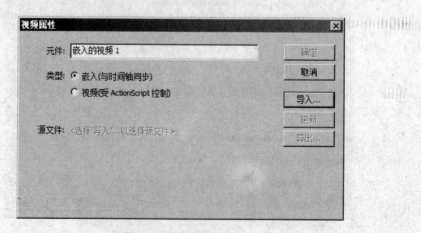

图 7-8　新建视频元件

(3) 在类型处选择"嵌入",接着单击"导入"按钮,将弹出"打开文件"对话框,指定了要使用的 FLV 格式文件后,单击"确定"按钮,一个 FLV 格式的视频文件将加入到"库"面板中,如图 7-9 所示;

(4) 从库中把视频拖出一个实例在时间轴线上就可以播放了。

这种播放方式是把整个视频加入到 Flash 影片中,务必会增大 Flash 影片文件的容量,不利于网络传输。如果视频较小则可以采用。

2. 使用组件播放

Flash 中提供了一些控件,专门用来设计一些交互界面,如利用 Flash 开发网络应用时,界面的交互就需要使用到一些交互元素了。在提供的控件中也有用来链接外部 FLV 文件进行播放的控件,打开"组件"面板后就会看到 FLV 控件。

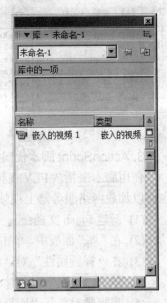

图 7-9 创建的视频元件

利用组件来播放 FLV 视频具体操作步骤为:

(1) 执行菜单"窗口"→"组件"或者使用快捷键"Ctrl+F7",打开的"组件"面板如图 7-10 所示;

(2) 在"组件"面板中选择"FLVPlayback",拖出一个实例到舞台上,如图 7-11 所示,图 7-11 是 FLV 格式视频的播放器界面;

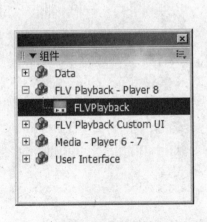

图 7-10 组件面板

图 7-11 FLV 视频格式播放器界面

(3) 选择"FLVPlayback"播放器对象,执行菜单"窗口"→"属性"→"参数",在"参数"面板中设置"contentPath"属性值,如图 7-12 所示,该属性是为播放器指定一个 FLV 视频文件;

(4) 文件指定完成后,测试影片,就会播放出 FLV 视频文件的信息来。

这种方法是通过组件来播放视频,视频文件没有加入到 Flash 中,不影响 Flash 影片容量,但发布时不能漏掉 FLV 视频文件,否则视频播放不出来。

135

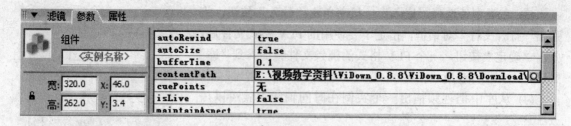

	autoRewind	true
组件	autoSize	false
	bufferTime	0.1
〈实例名称〉	contentPath	E:\视频教学资料\ViDown_0.8.8\ViDown_0.8.8\Download\
	cuePoints	无
宽: 320.0　X: 46.0	isLive	false
高: 262.0　Y: 3.4	maintainAspect	true

图 7-12　参数面板

3. ActionScript 脚本代码控制播放

使用脚本来播放 FLV 视频一般属于动态加载播放,这种方式可以动态加载本地视频文件,也可以加载网络服务器上视频文件,具体步骤如下:

(1) 新建 Flash 文档;

(2) 在"库"面板中,单击"库"面板右上角的图标按钮,在弹出菜单中选择"新建视频";

(3) 在"视频属性"对话框中,命名视频元件并选择"视频(由 ActionScript 控制)";

(4) 单击"确定"以创建视频对象;

(5) 将视频对象从"库"面板拖到舞台上,以创建视频对象实例;

(6) 使视频对象在舞台上保持选中状态,在"属性"面板中的"实例名称"文本框中键入my_video;

(7) 在时间轴中选择第 1 帧,然后打开"动作"面板;

在"动作"面板中键入以下代码:

```
this.createTextField("status_txt", 999, 0, 0, 100, 100);

status_txt.autoSize = "left";

status_txt.multiline = true;

var my_nc:NetConnection = new NetConnection( );

my_nc.connect(null);

var my_ns:NetStream = new NetStream(my_nc);

my_ns.onStatus = function(infoObject:Object):Void {

    status_txt.text += "status (" + this.time + " seconds)\n";

    status_txt.text += "\t Level: " + infoObject.level + "\n";

    status_txt.text += "\t Code: " + infoObject.code + "\n\n";

};

my_video.attachVideo(my_ns);

my_ns.setBufferTime(5);

my_ns.play("http://www.helpexamples.com/flash/video/clouds.flv");
```

(8) 选择"控制"→"测试影片",对该文档进行测试。

7.2　控 制 声 音

Macromedia Flash Basic 8 和 Flash Professional 8 提供了几种使用声音的方法。可以使声音独立于时间轴连续播放,或使动画和一个音轨同步播放。向按钮添加声音可以使按钮具有更强的互动性,通过声音淡入淡出还可以使音轨更加优美。

136

在 Flash 中有两种类型的声音：事件声音和音频流。事件声音必须完全下载后才能开始播放，除非明确停止，它将一直连续播放。音频流在前几帧下载了足够的数据后就开始播放；音频流可以通过和时间轴同步以便在 Web 站点上播放。

如果正在为移动设备创作 Flash 内容，Flash Professional 8 还允许在发布的 SWF 文件中包含设备声音。设备声音是以设备本身支持的音频格式编码，如 MIDI、MFI、或 SMAF。

7.2.1　导入声音

通过将声音文件导入到当前文档的库中，可以把声音文件加入 Flash。当将声音放在时间轴上时，应将声音置于一个单独的图层上。

Flash 中支持的声音文件格式有：WAV(仅限 Windows)、AIFF(仅限 Macintosh)、MP3(Windows 或 Macintosh)。

如果系统上安装了 QuickTime 4 或更高版本，则可以导入这些附加的声音文件格式：IFF(Windows 或 Macintosh)、Sound Designer II(仅限 Macintosh)、只有声音的 QuickTime 影片(Windows 或 Macintosh)、Sun AU(Windows 或 Macintosh)、System 7 声音(仅限 Macintosh)、WAV(Windows 或 Macintosh)。

Flash 在库中保存声音以及位图和元件。与图形元件一样，只需声音文件的一个副本就可以在文档中以多种方式使用这个声音。

导入声音文件的操作步骤如下：

(1) 选择"文件"→"导入"→"导入到库"；

(2) 在"导入"对话框中，定位并打开所需的声音文件。

7.2.2　添加声音

要将声音从库中添加到 Flash 影片文档，可以把声音分配到层，然后在"属性"面板中的"声音"设置选项。建议将每个声音放在一个独立的层上。具体操作步骤如下。

(1) 如果还没有将声音导入库中，请将其导入库中，参考 7.2.1。

(2) 为声音添加新的图层，并选择要加入声音的关键帧。

(3) 打开"属性"面板，对"声音"选项进行设置，如图 7-13 所示，单击声音选项设置的下拉列表框，将列出库中的所有声音，然后选择一个声音文件。

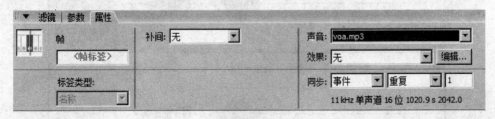

图 7-13　声音设置

(4) "效果"设置选项中也提供了对应的设置值。

① "无"：不对声音文件应用效果。选择此选项将删除以前应用的效果。

② "左声道" / "右声道"：只在左声道或右声道中播放声音。

③ "从左到右淡出" / "从右到左淡出"：会将声音从一个声道切换到另一个声道。

④ "淡入": 在声音的持续时间内逐渐增加音量。

⑤ "淡出": 在声音的持续时间内逐渐减小音量。

⑥ "自定义": 允许使用"编辑封套"创建自定义的声音淡入和淡出点。

(5) "同步"设置选项的对应设置项目说明如下。

① "事件": 会将声音和一个事件的发生过程同步起来。事件声音在显示其起始关键帧时开始播放,并独立于时间轴完整播放,即使 SWF 文件停止播放也会继续。当播放发布的 SWF 文件时,事件声音混合在一起。

事件声音的一个示例就是当用户单击一个按钮时播放的声音。如果事件声音正在播放,而声音再次被实例化(如用户再次单击按钮),则第一个声音实例继续播放,另一个声音实例同时开始播放。

② "开始": 与"事件"选项的功能相近,但是如果声音已经在播放,则新声音实例不会播放。

③ "停止": 将使指定的声音静音。

④ "数据流": 将同步声音,以便在 Web 站点上播放。Flash 强制动画和音频流同步。如果 Flash 不能够足够快地绘制动画的帧,就跳过帧。与事件声音不同,音频流随着 SWF 文件的停止而停止。而且,音频流的播放时间绝对不会比帧的播放时间长。当发布 SWF 文件时,音频流混合在一起。

(6) 在"重复"选项设置中输入一个值,以指定声音应循环的次数,或者选择"循环"以连续重复声音。

要连续播放,则要输入一个足够大的数,以便在扩展持续时间内播放声音。例如,要在 15 分钟内循环播放一段 15 秒的声音,则输入 60。不建议循环音频流。如果将音频流设为循环播放,帧就会添加到文件中,文件的大小就会根据声音循环播放的次数而倍增。

(7) 单击"编辑"按钮,将弹出"编辑封套"对话框。在该对话框中可根据需要来编辑声音的效果,如图 7-14 所示。

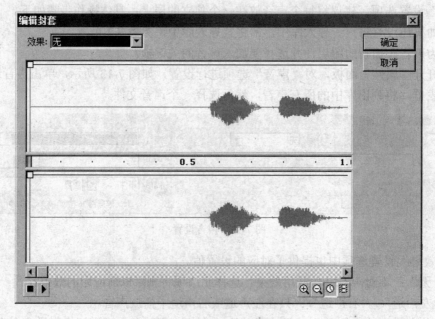

图 7-14　声音效果编辑面板

7.2.3　编辑声音

添加到 Flash 影片文档的声音可以对声音效果做适当的处理，在"属性"面板中通过"编辑"按钮调出"编辑封套"对话框后就可以对声音进行处理了。如图 7-14 所示为声音"编辑封套"对话框。

图中上下显示的声音波形图，代表左右声道的信息，每个声道顶上都有一条直线，这条直线代表声音播放的波幅，拖动波幅线可以适当控制声道播出声音的大小，在直线上可以利用鼠标添加编辑点，每一个编辑点就是一个小方块。这条波幅线做折线安排的话，就能使该声道输出的声音有起伏变化，如图 7-15 所示。

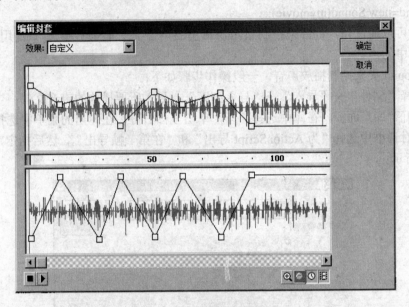

图 7-15　声音效果编辑示范

在"编辑封套"对话框的下部有一些图标按钮，左边是播放和停止按钮，可以用来预览声音编辑效果。右边有 4 个按钮，放大和缩小声音数据显示，按时间、按帧显示声音时间长度。

7.2.4　使用脚本控制声音播放

在 Flash 的编程语言 as 中有专门的声音对象 Sound，利用 Sound 中的方法可以达到对声音的控制。在 Sound 中包括如下方法：

Sound.attachSound;

Sound.setPan;

Sound.setTransform;

Sound.setVolume;

Sound.getPan;

Sound.getTransform;

Sound.getVolume;

Sound.getBytesLoaded;

Sound.getBytesToal;

Sound.start;

Sound.stop。

在使用这些方法前必须先使用构造器函数 new Sound 来创建新的对象。具体方法如下：

mysound=new Sound( );

mysound 是一个变量名，new Sound 是一个构造函数，表示 mysound 是一个 Sound 对象。以后可以通过 mysound 来调用 Sound 方法，如：

mysound.attachSound( );

在 new Sound( )里也可填写一个声音对象所在的 mc,如：

mysound=new Sound(mymovie);

这时就可以通过 mysound 来控制 mymovie 里的声音了，一般都不用写，只需用 attachSound 方法调出库中的声音。

通过 Sound 类来控制播放声音，一般操作步骤如下：

(1) 选择"文件"→"导入"→"导入到库"，导入所要播放的声音文件；

(2) 打开"库"面板，在库中选择声音，单击鼠标右键，在弹出的菜单中选择"链接"；

(3) 在对话框中选择"为 ActionScript 导出"和"在第一帧导出"，然后指定声音标识符，如图 7-16 所示；

图 7-16　设置声音链接属性

(4) 在舞台上添加两个按钮，然后将它命名为 play_btn 和 stop_btn；

(5) 在主时间轴上选择第 1 帧，然后打开"动作"面板，将以下代码添加到"动作"面板中：

```
var song_sound:Sound = new Sound( );
song_sound.attachSound("1.mp3");
play_btn.onRelease = function( ) {
    song_sound.start( );
};
stop_btn.onRelease = function( ) {
    song_sound.stop( );
};
```

该代码首先停止扬声器影片剪辑，其次创建一个新的 Sound 对象 (song_sound)，并向该对象附加链接标识符为"1.mp3"的声音。与 play_btn 和 stop_bton 对象关联的 onRelease 事件处理函数通过使用 Sound.start( )和 Sound.stop( )方法启动和停止该声音，并且还播放和停止附加的声音。

7.3 应用实例

7.3.1 一个简单的教学片断视频播放

现在应用于课堂教学的教学资料不胜列举，网络中的视频点播流媒体也层出不穷，为了能充分利用以往的教学资料，可以将其集中到 Flash 中来，建立一个教学资料选择点播的 Flash 应用。

Flash Professional 8 提供的 Video Encoder 工具能方便地转换各种格式的媒体视频成 FLV。FLV 体积小、包含的视频信息容量大、图像效果清晰。FLV 格式的流媒体是当前流媒体的新秀，有着很强的发展潜力。目前应用 FLV 格式视频以构造网络视频点播的网站有优酷 (www.youku.com)、56 网(www.56.com)、新浪播客等。

要在 Flash Professional 8 中制作一些简单的教学资料点播系统，先要把别的格式的视频资料转换为 FLV 格式。安装了 Flash Professional 8 以后，在开始菜单 Flash 的目录里就有 Video Encoder 工具，运行该工具，其界面如图 7-17 所示。

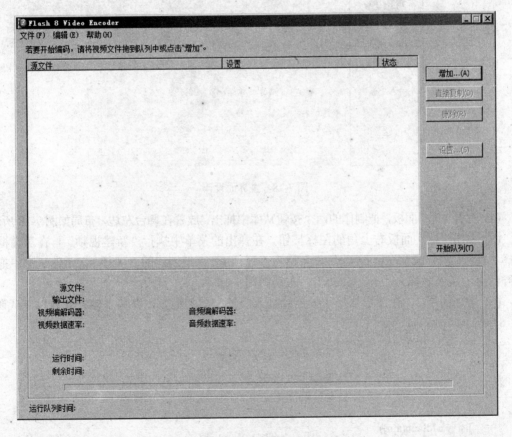

图 7-17 视频格式转换

Video Encoder 工具能批量进行转换，把所要转换的视频增加到队列中，Video Encoder 就可以进行批量转换了。

先来看看一个简单的 FLV 视频点播器的制作，本例中以 3 个教学片断为点播文件进行制作。

(1) 新建一个 Flash 影片文档，背景色设为浅绿色，其他使用默认值，保存文件。同时把准备好的 3 个教学短片的 FLV 格式的视频也放到同一个目录里，这 3 个文件的命名分别为片断 1.flv、片断 2.flv、片断 3.flv。

(2) 建立两个按钮元件，一个使用文字为"播放"，一个使用文字为"停止"；

(3) 在图层 1 中，利用"矩形工具"在舞台左边创建一个矩形对象，填充颜色为浅黄绿色。执行菜单"窗口"→"组件"，从"组件"面板中拖出一个"label"控件和一个"combobox"控件。"label"控件的文字为"教学资料列表"；"combobox"控件的实例名称为"list_v"。利用"文本工具"创建一个文本对象"教学片断播放"，处在舞台的上中间位置，布局如图 7-18 所示。

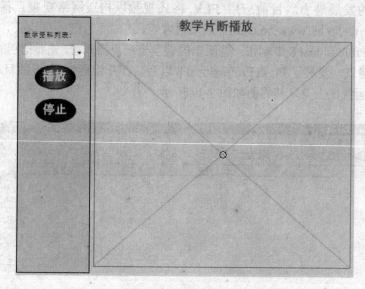

图 7-18　主界面设计

(4) 打开"库"面板，把制作的两个按钮从库中拖出，放置在舞台左边，布局如图 7-18 所示。

(5) 单击"库"面板右上角的图标按钮，在弹出的菜单中执行"新建视频"，在对话框中选择"视频(受 Actionscript 控制)"，名称为"视频 1"。把创建的"视频 1"元件从库中拖出到舞台上，实例名称为"my_video"，布局如图 7-18 所示。

(6) 增加图层 2，在图层 2 第 1 帧连续插入两帧空白关键帧，在第 1 帧中输入以下代码：

```
System.useCodepage = true;
var a=["片断 1","片断 2", "片断 3"];
var n=0;
while (n < a.length)
{
        list_v.addItem(a[n]);
        n++;
}
```

第 2 帧中输入代码：

```
stop( );
```

(7) 选择"播放"按钮，在动作面板中输入以下代码：

142

```
on (press) {
var my_nc:NetConnection = new NetConnection( );
my_nc.connect(null);
var my_ns:NetStream = new NetStream(my_nc);
my_video.attachVideo(my_ns);
my_ns.setBufferTime(5);
my_ns.play(list_v.text+".flv");
}
```

选中"停止"按钮，在动作面板中输入以下代码：

```
on (press) {
var my_nc:NetConnection = new NetConnection( );
my_nc.connect(null);
var my_ns:NetStream = new NetStream(my_nc);
my_video.attachVideo(my_ns);
my_ns.setBufferTime(5);
my_ns.stop( );
}
```

(8) 时间轴线的编辑情况如图 7-19 所示。执行"控制"→"测试影片"，可以在下拉列表框中任意选择一个名称，点击"播放"按钮就能将教学短片播放出来，如图 7-20 所示。

图 7-19　时间轴线编辑状态

图 7-20　动画效果

143

7.3.2　声音控制应用

利用 Flash 来开发多媒体教学课件,背景声音是少不了的,如使用一首乐曲当做背景声音,这都是为了充分发挥音乐对教学内容的衬托而设置的。然而音乐的播放也需要适当控制,建立灵活的声音播放控制模块,是多媒体课件开发中的一个模块。下面就介绍利用 Sound 类的脚本方法来开发声音的控制模块。

在一个多媒体课件中,对背景声音的播放控制只要制作成一个影片剪辑元件就可以了,在影片剪辑中由按钮控制声音的播放和停止。在多媒体课件中使用这个影片剪辑元件,就能到达控制背景声音了。

(1) 新建一个 Flash 影片文档,当做是一个多媒体课件文档,使用默认值。

(2) 执行菜单"插入"→"新建元件",选择为"按钮",命名为"元件 1",在按钮元件编辑环境中的"弹起"帧中加入如图 7-21 所示的图片或者使用别的图片。

(3) 执行菜单"插入"→"新建元件",选择为"按钮",命名为"元件 2",在按钮元件编辑环境中的"弹起"帧中加入如图 7-22 所示的图片或者使用别的图片。

图 7-21　光盘图标

图 7-22　麦克风图标

(4) 执行菜单"插入"→"新建元件",选择为影片剪辑,命名为"元件 3",在影片剪辑编辑环境的时间轴线上图层 1 的第 1 帧中,从库中拖出按钮元件 1,在"属性"面板中为按钮取实例名称为"bt1"。

(5) 在图层 1 的第 2 帧上单击鼠标右键,选择"插入空白关键帧",把库中的按钮元件 2 拖出到舞台上,在"属性"面板中给按钮取实例名称为"bt2",放置的位置和按钮元件 1 重合。可以打开"编辑多帧"功能进行调整,如图 7-23 所示。

图 7-23　编辑影片剪辑元件

(6) 执行"文件"→"导入"→"导入到库",将要当做背景声音的音乐文件导入到库中,并在库面板中选中该文件,单击鼠标右键,在弹出的菜单中选择"链接",在对话框中按如图 7-24 所示设置。

图 7-24　设置声音链接属性

(7) 选择第 1 帧，打开"动作"面板，输入以下代码：

```
stop( );
bt1.onRelease = function( ) {
sound2 = new Sound( );
sound2.attachSound("sound1");
sound2.start(0,99);
gotoAndPlay(2);
}
```

选择第 2 帧输入以下代码：

```
stop( );
bt2.onRelease = function( ) {
sound2.stop( );
gotoAndPlay(1);
}
```

(8) 返回到场景中，拖出影片剪辑元件 3。接着测试影片，使用鼠标点击"光盘"图标，音乐就响起来了，再点击"话筒"图标，音乐就停止了。

这个影片剪辑在一个多媒体课件中就是一个控制声音播放的模块。使用时在场景中必须使用一个图层来单独放置这个影片剪辑，不能和舞台上的其他对象同处一个图层。

7.4　思考与制作题

(1) 简述导入视频到 Flash 中的操作过程。

(2) FLV 视频格式播放的方法有几种，如何实现？

(3) Flash 中支持的声音格式有哪几种？

(4) 制作一段 MTV 动画。

第8章 多媒体课件制作基础

本章主要内容:

※ 多媒体课件的概念
※ 多媒体课件的特点
※ 多媒体课件的类型
※ 多媒体课件的开发流程

8.1 多媒体课件的概念

多媒体课件是指基于计算机技术,将文本、图形图像、声音、视频等媒体有机地结合起来完成特定教学任务的课件,它是根据教学目标设计的,表现特定的教学内容,反映一定教学策略的计算机教学程序。随着计算机的普及,应用多媒体手段进行课堂教学的设计,对提高学生素质起到了不可低估的作用,同时也为课堂教学增添了活力。

有的多媒体课件能与学生进行交互性操作,这样的课件称为交互型课件;还有的多媒体课件能够根据学生的学习情况和学习特征,自动调整学习内容、学习进度等,这样的课件称为智能型课件。多媒体课件是面向教学的,它有特定的教学对象和教学目标。

运用多媒体课件,可把抽象内容具体化、复杂过程简单化、枯燥内容形象化、隐形内容显形化。可以在保证教学质量的前提下,提高信息传送量,化解教学难点,优化教学效果。

1. 有利于展示微观世界

对于微观世界中神秘复杂,看不见、摸不着的事物,利用口头表述、模型、挂图或投影、幻灯等传统的教学方式,是很难讲解清楚的,而多媒体课件具有"只要想得到,就能做得到"的特点,可以将这些内容生动逼真地展现在学生的面前。这种优势在许多知识属于微观世界的理科教学中尤为突出。多媒体课件的应用,使微观世界的表现不再是件难事。它可将以前无法展示的微观世界直观、形象、生动地呈现在学生面前。例如,电子云这一微观概念,对于中学生来说,历来是教学中的难点,单凭语言和文字很难表达清楚。即便能讲清,学生也未必能正确理解。多媒体技术可把这一难题轻松化解。

2. 有利于展现宏观现象

除可展示精彩的微观世界外,多媒体课件还能突破时空的限制移千里于咫尺,向学生展现传统教育手段无法展示的宏观现象。许多复杂的设备、工艺在课堂教学中无法看到,而多媒体计算机的图像处理功能却可将它们的实物摄影、录像进行编辑整理或利用软件虚拟,可从不同角度不同侧面进行多方位展示。例如,机械原理与机械零件是机械类专业的重要专业课,要求学生掌握常用机械和通用零件的工作原理、结构,具有实践性强的特点,在教师的讲授与学生的学习过程中较难达到感性认识与理性认识的统一。此时可利用 Flash 软件制作各种演示动画展现机械原理和结构。在多媒体课件中进行动态演示，分析各轴在不同机器中的应用和承载情况，使学生达到感性认识与理性认识的统一。

8.2 多媒体课件的特点

1. 教学性

多媒体课件区别于一般计算机软件的特殊之处在于它的教学性，即它有着特定的教学目标、特定的教学内容、特定的教学对象。在编制过程中，要针对不同的课程内容、教学目标和使用对象来进行设计，同时还必须要符合特定的学科教学规律，反映学科的教学过程和教学策略。

2. 科学性

多媒体课件中教学策略的应用、教学内容的表达、程序结构的设计都要在符合教学性的基础上符合科学规律。即课件应用的资料要科学、正确、规范，内容表现要遵循科学要求，不能歪曲或曲解，问题表述要准确无误，要植根于科学事实，以科学发展观对待教学课件的制作和设计。

3. 交互性

课件不同于教学录像，它的播放过程需要有人的干预或互动。而友好的人机交互界面和良好的交互性会方便教师的教学或学生的学习。在多媒体课件中，主要的交互形式有图形、菜单、按钮、热键等，交互动作有鼠标动作和键盘动作等。这些都是课件制作中设计交互界面所常为考虑的主要内容。多媒体课件的交互功能越强对教师或学生来说参与互动教学或学习就越有主动性，否则就是机械式地学习，被动式地接受知识了。那样的课件很呆板，不灵活。

4. 集成性

多媒体课件的另一大优势就是能将文本、图性图像、声音、动画、视频等多种媒体信息集成在一起，增强了教学信息的表达力和感染力，使得教学信息较传统更丰富，信息纬度增大，信息类型丰富，能调动学生多种感官共同学习，加强记忆和深化认识。使学生能更积极主动地投入到学习中去，取得更好的学习效果。

多媒体课件与传统的教学媒体，如录像、电视等相比有更为突出的优势，它将各种媒体的优越性都整合到一起。现在多媒体课件已经代替了很多媒体，发挥了在教学中的作用。

5. 诊断性

在传统的教学中，我们说"没有反馈的教学是无效的教学"。在多媒体课件中，同样需要给学习者提供诊断的机会，给予反馈的信息。通常情况下，多媒体课件的诊断反馈是通过设计的练习题的问与答来实现的，使学生获得的知识得以巩固，并做出相应的评价。诊断能使学生在交互过程中不至于被动机械式地操作课件。诊断能引起学生对问题的思考，从而积极地参与到课件的信息环境中。

8.3 多媒体课件的类型

多媒体课件的类型根据不同的角度，有不同的划分方法。从内容与作用来分，可将多媒体课件分为资料工具型、自主学习型、课堂演示型、教学游戏型、练习测验型和模拟实验型

6 种。

1. 资料工具型

这种类型的课件不提供具体的教学内容和教学过程，而注重大量信息间的检索机制及辅助学习资料的提供方法，供学生在课外进行资料查阅使用，但要求学生要有较强的自学能力。也可根据需要，教师选择其中部分合适的内容做课堂辅助教学使用。如物理课程中的力学现象，有很多有关力的规律，就可以用像 Flash 这样的工具开发演示动画，当教师或学生要使用时就可以组织起来为课本知识服务，帮助学习认识这些物理现象。

2. 自主学习型

这种类型的多媒体课件可供学生自学，使学生处于一种个别指导方式的教学环境下进行学习。这类教学课件注重知识的传授，强调把各种形式的教学内容和教学过程提供给学生，教给学生各种学习要领和技巧，同时还设计部分提问、练习题等反馈手段，以诊断学生的学习成绩和效果。常用来引入和介绍新知识，特别适合于讲授那些不能简单地用书面文字来解释的知识。

通常，这类课件将教学过程分解为许多很小的教学单元，每个单元进行一项最基本的教学活动，达到一个小目标，然后再将这些简单的教学单元按照教学顺序和教学策略有机地组织成一系列有计划的教学活动，达到整个课件的教学目标。其作用是模拟和代替教师向学生进行讲授、指导与帮助，有较强的交互性，方便学习者进行人机交互、自主学习。

3. 课堂演示型

这种类型的多媒体课件一般是为了解决教学的重点、难点问题而设计制作的。主要作用是辅助教师课堂演示，不要求知识内容的系统讲解，可以是专题或片断形式，但一定要突出重点、难点。通过计算机的多媒体性将不容易用其他媒体解决的问题，以简洁明了的方法和形式呈现给学生，教师可以根据实际需要选用和设计制作。

4. 练习测验型

练习测验型教学课件主要是针对某个知识点，以问题的形式提供给学生反复练习的机会，并根据学生回答的情况予以相应的反馈，以促进学生掌握这种知识、技巧或提高某种能力。或者可以在教学活动进行到一个阶段后用于评价学生的学习效果，以决定下一个阶段学习的进度。这种多媒体课件通常用于教师指定家庭作业或进行教学评价。其优点主要体现在题量不受限制、阅卷迅速准确、成绩易于统计、随机出题、客观性强等方面。

随着多媒体课件的发展，练习测验教学课件越来越强调练习情境的创设，使学生轻松地学习和巩固情境中的某个知识点。例如，英语教学课件中把生词与对话的练习，分别创设成咖啡屋、商店等不同的生活情境，学生可进行选择。在咖啡屋内，以连环画的形势列出一系列的对话情景图，学生可以听到每个画面中顾客与营业员的对话。屏幕下有一系列图标，每按一个图标就听到一句英语，学生需要将该图标移动到合适的画面位置上。这样就进行了学生的英语听力与理解的综合练习，并有一定的评分标准，根据学生移动的正确率给出分值，非常有利于学生的练习与自我测验。

5. 模拟实验型

模拟实验型多媒体课件借助计算机仿真技术，提供可更改参数的指标项，当学生输入不同的参数时，能随时模拟对象的状态和特征，供学生进行模拟实验或探究发现学习使用。

模拟实验型教学课件根据具体用途又可分为以下几种类型。

(1) 演示模拟：用图像、图形、动画等直接向学生演示各种现实情况不允许或者不容易实现的现象。

(2) 操作模拟：学生通过计算机进行模拟操作，以熟练掌握某些操作技能和技巧。往往用于培训工作人员的实际操作能力，使他们在进行一些危险的实际操作之前受到一定程度的训练，以避免和减少不必要的伤害和损失。

(3) 过程模拟：在操作模拟的基础上，让学生经历整个模拟实验过程或研究过程。

(4) 模拟训练器：把计算机模拟、操作器和传感器结合在一起，让学生进行各种危险的或是昂贵的操作训练，如飞行练习、高压电路实验等。

6. 教学游戏型

与一般游戏软件不同的是，教学游戏型多媒体课件将课程的知识内容，通过游戏的形势呈现出来，为学生提供一种富有趣味性和竞争性的学习环境，激发学生的学习动机，使学生在富有教学意义而且教学目标明确的游戏过程中得到训练或掌握知识，提高能力，是一种寓教于乐的多媒体课件。它强调的是游戏的教学性，有着明确的教学目标和具体的教学内容，并且含有一定的教学策略。例如，练习计算机键盘指法的打字课件就是通过警察和小偷赛跑的形式进行的速度训练。

8.4　多媒体课件的开发流程

多媒体课件本质上是一种计算机应用软件，软件工程中通常以流程图的形式来描述软件产品的设计与制作过程。从总体上看，大多数软件开发都包括软件设计、软件制作、软件试用与评价和软件修改四大阶段。多媒体课件开发的工作步骤与过程如图 8-1 所示，其中课件设计是关键，课件制作是实现，课件测试，评价与修改是完善。

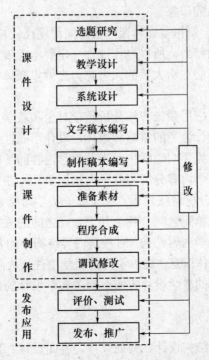

图 8-1　多媒体课件开发的工作步骤与过程

8.4.1　多媒体课件的设计

多媒体课件设计包括选题、教学设计和系统设计等关键环节。一个课件的好坏，关键在于前期的课件设计，课件设计不好，用什么样的技术开发也没有用。

1. 选择课题

在开发多媒体课件前，必须要思考的问题是选择什么题材，即选择课题。多媒体课件是一种现代化的教育教学手段，它在教学中有其他媒体所无法代替的优势。但我们使用多媒体课件时一定要适度，并不是每一节课都要使用课件，因此制作课件一定要注意选题、审题。一个课件用得好，可以极大地提高课堂效率，反之，则只会流于形式，甚至达到相反的作用。以下是选题的基本原则。

(1) 选择能突出多媒体特点的课题，选择能发挥多媒体优势的课题，要适合多媒体来表现。例如，在语文《荷塘月色》教学中，可以用多媒体课件集声音、视频的特点，精心设计以荷塘为背景的视频，加以古筝为背景音乐，使二者巧妙地配合，创设一种声情并茂的情景，使学生完全沉浸在一种妙不可言的氛围中，不知不觉地融入课堂当中。这种效果不是单凭教师讲、学生听所能达到的。

(2) 选择用传统教学手段难以解决的课题，选择学生难以理解、教师难以讲解清楚的重点和难点问题。例如，在理、化、生实验中，有的实验存在许多微观结构和微观现象，语言来表述就会显得比较抽象，难以理解。如果能用课件来演示传统手段不易解决的实验，就会使抽象的内容具体化、形象化，提高教学效率。在物理"α粒子散射实验"中，存在微观现象，很难观察，而且在一般的实验室中也很难演示，如果利用多媒体课件，则很容易将微观现象展示出来。在生物实验中，有些实验的时间比较长，有的甚至要几天，如"植物细胞的有丝分裂"，如果用多媒体课件来展示，可能只需要 1～2 分钟的时间就可以将整个过程演示清楚，提高了课堂效率，加深了学生的印象。

(3) 注意效益性原则。由于制作多媒体课件的时间周期比较长，需要任课老师和制作人员投入大量的时间，付出巨大的精力，所以制作课件一定要考虑效益性原则，用常规教学手段就能取得较好的效果时，就不必花费大量的人力物力去做多媒体课件。

2. 教学设计

多媒体课件的教学设计是应用系统方法分析教学对象和教学内容，确定教学目标，建立教学内容知识结构，选择和设计恰当的策略和媒体，设计形成性练习和学习评价的过程。其中，对教学对象进行分析，是为了明确学生对当前教学内容的了解情况以及学生学习新知识的能力。教学内容分析是将教学内容分解为若干个知识单元，在知识单元内再分解为许多知识点。按照教学结果分类法，分析这些知识点属于哪一类学习结果(或教学目标)，然后确定各个知识点之间、知识点与知识单元之间、各个知识单元之间的关联关系和连接方式，这些不同的联系方式形成了不同的教学内容结构。对教学内容结构中的各信息单元(知识点)，根据目标分析的结果，选择合适的媒体信息，施以不同的教学事件，从而构成不同的教学过程结构。最后通过评价设计，形成完整的教学设计方案。有关教学设计的内容可参考教学设计方面的参考书。

3. 系统设计

系统设计的主要工作包括结构设计、封面设计、界面设计、交互方式设计、导航策略设计等内容。

1) 结构设计

(1) 基本组成。从总体上看，多媒体课件包括封面、扉页、内容页和封底等几个部分。

① 封面：运行课件时出现的第一个页面，呈现课件的名称，常以几秒钟的视频或动画形式展现。

② 扉页：紧接着封面后出现的页面，常用于设置封面导言。在实践中可以根据实际情况，选择是否要扉页。

③ 内容页：包括主页、单元主页和知识点页。主页一般包括主菜单、帮助、退出等信息。主菜单是主要内容的目录。帮助信息介绍课件的教学目标、对象、内容、功能、图标与按钮的使用、结构等。单元主页是每个单元模块的主页。知识点页用来呈现具体的教学信息。一般通过主页可以进入各个单元主页或直接进入知识点页。通过单元主页可以进入知识点页或返回主页，有时也可以进入其他单元主页。

④ 封底：主要说明制作人员的分工以及制作单位等信息。

四者之间的基本结构如图8-2所示。

(2) 控制关系。多媒体课件控制结构关系有3种基本类型。

① 计算机主动控制。教学流程由计算机控制，每一教学步骤都由计算机决定向学生呈现什么样的内容。

② 学生主动控制。教学流程由学生控制，学生可以任意进入"航行"。

③ 计算机—学生混合主动控制。流程受计算机和学生双方交互活动的共同影响，允许学生与计算机进行较为自如的对话，主要是智能计算机辅助教学（Computer-Aided Instruction, CAI）系统。

(3) 自主学习型课件学习内容部分的常用结构。自主学习型多媒体课件主要是供学生自学，使学生处于一种个别指导方式的教学环境下进行学习。学习内容部分的常用结构如图8-3所示。

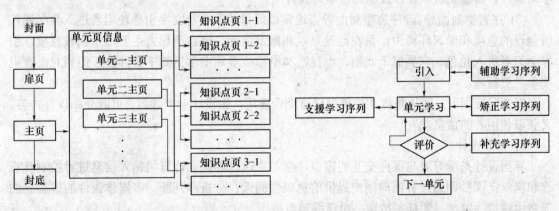

图 8-2　多媒体课件的基本组成结构　　　　图 8-3　自主学习型课件常用结构

① 引入部分：设置引入部分的目的是使学习者经过该部分的学习，顺利进入后面的学习。引入部分通常需要确认学习者是否具备完成单元学习的知识基础，给出本单元学习的基本目标和主要学习项目，并进行预备性测试。进行预备性测试主要是判断学习者进行本单元学习前是否还需要补充一些其他的学习内容。

② 单元学习部分：该部分是基本的必学内容。在学习过程中，如果学习者的应答出现了

错误，计算机将根据情况决定是否进入支援学习序列或矫正学习序列。支援学习序列用于学习者在学习过程中碰到困难时，给学习者某种启发或说明。根据需要，计算机也可以向学习者提示解决问题的要点、专业术语的解释或某种辅助说明。矫正学习列是在学习者形成某种错误概念、错误认识、错误思想时，且这种错误在学习应答中多次出现的情况下，对学习者进行治疗学习的处方学习序列。在这种学习序列中，应不断地引导学习者对提示的问题进行解答，并从中发现需要治疗的问题。治疗完毕后，应马上返回单元学习的主流程。

③ 评价部分：单元学习完成后，需要对学习者进行评价。评价通过了，可以考虑进入下一个单元学习；如果没有通过，根据具体情况决定是提供补充学习内容还是重新学习本单元。

2) 封面设计

封面设计主要包括引人入胜的课件标题设计和封面导言设计。以下为封面导言的五大作用：

① 引导使用者对课件有正确的了解和认识；

② 引导使用者正确输入必要的信息；

③ 引导使用者正确使用课件；

④ 引导使用者自然地进入课件所创设的教学环境中；

⑤ 引导使用者对课件产生良好的第一印象。

封面导言的主要类型如下。

(1) 介绍型导言：用于简要介绍课件的主要内容，表示对使用者的欢迎，引导使用者选择需要使用的内容和功能，常用在年龄层次、文化层次、计算机技能都较低的使用者的教学课件中。介绍型导言主要包括内容介绍、功能介绍、欢迎语句等。

(2) 信息获取型导言：用于获取有关使用者的信息，对使用者建立相应档案，记录这些基本信息，形成学生模块。有关使用者的信息包括使用者的年龄、性别、籍贯等因素。信息获取型导言的组成部分有文字输入框、单选框、复选框、登录域和选择域等。通常用于个别化学习课件、智能化教学课件及练习型学习课件中。

(3) 序言型封面导言：序言型封面导言通常以简单的语言和文字引导使用者进入教学课件所创设的意境和学习环境中，重在创设气氛和激发情感。序言型导言主要用于创设意境，引导学习者进入角色。它类似于戏剧、电视剧和电影故事片中常见的序幕部分，但相对而言更简单、更精炼。

在实际应用时，往往是将3种类型导言综合使用，如设计一个导言，可既介绍课件内容，又获取使用者的信息。

3) 界面设计

界面设计是学习者与课件交互的窗口，学习者通过界面向计算机输入信息进行控制、查询和操纵；课件则通过界面向用户提供信息以供阅读、分析和判断。多媒体课件的屏幕界面通常由窗口、菜单、图标、按钮、对话框等组成。

界面设计的基本原则是一致性和易学易用性。一致性是指课件的屏幕界面应该让学习者看了之后有整体上的一致感。例如，对于有同样功能的操作对象，在形象和格式上要力求一致，起控制作用的按钮和图标也应一致。不能五花八门，这样会扰乱学习者的思绪，会产生负面影响。易学易用性原则主要是指课件的各种操作要直观、简单，使学习者很容易学会如何使用它。无论采用的技术多先进，涉及的功能多复杂，若课件操作起来繁琐复杂，用户也会对它望而生畏，这个课件就没有使用价值了。

在布局上，主要包括徽标区、标题区、内容呈现区、菜单导航区、辅助信息区的位置安排，信息密度的分布、字体、字号设置等，典型页面布局如图8-4所示。

在色彩搭配上，颜色数量要控制在最低要求，避免色彩过多过杂；同时要注意色彩的含义和使用者的不同文化背景，以及根据不同区域的作用来决定屏幕上不同部分的色彩选用。下面列出几种常用色彩，它们都有一些较为确定的意义内涵。

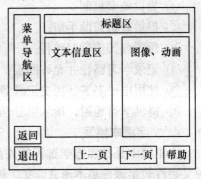

图 8-4　典型页面布局

红色：停止、火、热、危险。

黄色：警告、慢速、测试。

绿色：前进、状况良好、清楚、植物、安全。

蓝色：冷却、水、安静、天空、中立。

暖色：活动中的、要求做出反应的、关系密切的。

冷色：静止的、状态信息、背景的、关系疏远的。

灰色、白色：中性。

音乐运用要慎重。在课件中合理加入一些音乐、音效等声音，可以更好地表达教学内容，同时吸引学生的注意力，增加学习兴趣。一段舒缓的背景音乐，可以调节课堂的紧张气氛，有利于学生思考问题。在使用声音时，要求音乐的节奏要与教学内容相符，背景音乐要舒缓，要设定开关按钮或菜单，便于教师和学生控制，需要就开，不需要就关。

另外，图片要清晰、美观、大小适中。对于动画和视频图像，学生可能一次没看清，最好设计重复播放按钮，教师和学生可以根据教学和学习需要随时点击重复播放。

4) 交互方式设计

人机交互是指人与计算机之间使用某种对话手段，以一定的交互方式，为完成确定任务而进行的人机之间信息交换的过程。现在多媒体课件提供的人机交互方式大致有按钮、菜单、热字、热区、条件判断、文本输入等。如果利用编程语言开发多媒体课件则人机交互的设计就更丰富了，可以利用计算机语言提供的语句进行建立交互的操作。

实现人机交互的设备也有多种，包括鼠标、键盘、光笔、操纵杆等。

5) 导航策略设计

采用超媒体技术制作的课件为学习者提供了一种由学习者进行控制的学习环境，使学习者在学习过程中链接或访问信息有更大的伸缩性，从而更加适应学习者的个性化学习。同时超媒体信息结构中的信息量大，内部信息之间的关系复杂，允许学习者非线性地自由浏览，赋予他们很大的自由度，使他们可以在各种教学信息之间任意跳转。但存在的问题是学习者在学习过程中很容易迷失方向，往往不知道自己处在信息网络中的什么位置上，类似于在大海中航行时迷失方向而不知所措，通常称为"迷航现象"。导航的作用就是使学习者始终知道自己的"航向"，其基本作用如下：

① 使学习者知道当前正学习的内容在课件的知识结构体系中所处的位置；

② 使学习者能根据学习过的知识、走过的路经，确定下一步的前进方向和路经；

③ 使学习者能快速而简捷地找到所需的信息，并以最佳的路经找到这些信息；

④ 使学习者能清楚地了解教学信息的结构概况，产生整体性感知。

常见的导航策略如下：

① 提供检索机制；
② 提供联机帮助手册；
③ 预置或预演学习路径；
④ 记录学习路径并允许回溯；
⑤ 使用电子书签、历史记录等；
⑥ 提供学习地图，指示引导学习。

4. 文字稿本编写

文本稿本是按照教学过程的先后顺序，用于描述每一环节的教学内容及其呈现方式的一种文字性教学课件稿本形式。文字稿本体现了具体的教学设计，为制作稿本的编写打下基础，一般由学科教师编写。文字稿本编写项目包括以下 4 个方面：

(1) 课件名称、编写者、制作单位、适用对象、使用方式等内容的描述；

(2) 划分教学单元、知识点、建立知识点与知识点之间的知识结构图；

(3) 确定教学目标，一般填写如表 8-1 所列的结构表；

表 8-1 教学目标细目表填写范例

序号	教学单元	知识点	层次	教 学 目 标
2	古诗欣赏	鹅、曲、项等生字	识记	能准确进行拼读并掌握其结构和笔顺笔画
		曲项、清波等词语	识记	能准确进行拼读
			识记	能解释其意思

(4) 用结构图描述界面内容。

多媒体信息类型与呈现方式，一般填写如表 8-2 所列的结构表。

表 8-2 多媒体信息类型与呈现方式设置表

单元	序号	内 容	媒体类型	呈现方式
2	1	古诗《鹅》的引入	动画、效果声、文字	先呈现动画和效果声，后呈现文字
	2	朗读全诗	文字、解说	先呈现文字、后呈现解说
…	…	…	…	…

媒体类型是根据教学内容与教学目标的需要，适当地选择文本、图形、图像、活动影像、动画、解说、效果声等各种媒体类型。呈现方式主要是指每一个教学过程中，各种信息出现的前后次序、时机和每次调用的信息种数(如图文同时调用、只调用图文或者是只调用文字等)。

文字稿本编写可以用表格形式，典型的文字稿本表格如表 8-3 所列。

表 8-3 文字稿本编写格式表

课件名称	
文字稿本编写者	
制作单位	
适用对象	

使用方式	(1) 资料库	(2) 课堂演示	(7) 操作练习
	(4) 个别化学习	(5) 仿真实验	(6) 其他

教学内容知识点划分

序号	教学单元	知识点	层次	教学目标

教学内容知识结构图

用结构图描述界面内容

注：教学内容知识结构图是指构成本课件的主要教学单元以及各个单元之间的关系，建议用流程图加以描述

单元	序号	内容	媒体类型	呈现方式

5. 制作稿本编写

制作稿本是体现多媒体课件的系统知识结构和教学功能，并作为课件制作直接依据的一种稿本形式。制作稿本是由多媒体课件编制人员在文字稿本的基础上改写而成的，体现了课件系统结构设计的基本思想，可以直接为制作提供依据，且是学科教师、教学课件设计人员与教学课件编制人员进行沟通和交流的桥梁。制作稿本编写的具体项目包括 3 个方面。

(1) 课件系统结构的说明：主要说明教学课件的系统组成以及教学系统所具有的各种教学功能和作用。

(2) 主要模块的分析：主要模块是构成多媒体课件系统的主要部分。一般情况下，主要模块即为同类知识单元，它是某个知识点或构成知识点的知识要素，但也可以是教学补充材料或相关的问题或练习。不同的模块，在屏幕设计和链接关系上有很大的区别。每个模块是由若干个子模块构成的，而每一个子模块内容的呈现又是由若干屏幕来完成的，屏数的确定可参考文字稿本中与该知识内容相对应的卡片数的多少来确定，并可同时确定各屏之间的关系。

(3) 分页面设计：是对各种页的布局和功能的设计，是具体制作的直接依据。典型的内容页面设计如表 8-4 所列。

表 8-4　分页面设计表

多媒体课件名称				
页面名		文件名		编号
交互画面				配音
超链接结构方式： (1)由____页面文件，通过____交互方式进入当前页面； (2)通过当前页面____交互方式，键出____多媒体信息文件； (3)通过当前页面____交互方式，进入____页面文件；				媒体呈现方式

页面名：页面教学内容的标题、汉字名称。

文件名：页面教学内容的文件名称。

编号：多媒体课件一般是非线性的超文本结构，只能按课件系统结构层次编号，以便课件制作的管理与合成。

交互画面：用草图画出信息呈现区、功能模块操作区、帮助提示区、导航区等的位置、范围；各种交互方式的菜单、按钮、图标、热键、窗口、对话框等。

配音：素材的制作有时需要配音，包括交互画面中的文本、图形、图像、动画，视频中的解说、音乐与效果声。

超链接结构方式：对于每一页面先要设计通过哪种交互方式进入当前页面、键出哪类多媒体信息和进入另一页面等。

媒体呈现方式：主要说明呈现各种多媒体的先后顺序与特技方式，或同一时间呈现的媒体类型。

典型的表格的制作稿本如表 8-5 所列。

表 8-5　制作稿本表格

课件名称	
制作稿本编写者	
制作单位	
适用对象	
系统功能与作用	
1	
2	
3	
4	

主要模块分析	
1	
2	
3	
4	
教学课件系统框架结构图	
用结构图描述界面内容	

注：教学课件系统框架结构图是指构成本课件的主要模块以及各模块之间的关系，可以用流程图加以描述

8.4.2　多媒体课件的制作

多媒体课件制作主要包括准备素材、程序合成、调试修改三方面的工作。

1. 准备素材

准备素材一方面是获取各种素材，另一方面是加工处理各种素材。

2. 程序合成

多媒体课件的程序合成方法大体有 3 种：一种是利用高级程序设计语言，如 VB、VC 等，这些程序语言功能强大，但开发者需要学习系统的开发语言，主要适合于计算机专业人员，对大多数教师有一定难度，不适合在日常教学中使用；另一种是利用多媒体开发工具，如 Authorware、Flash 等，其中 Flash 可以把准备素材和程序合成合在一起完成。它们的功能是把多种媒体素材集成和组织成一个结构完整的多媒体应用系统或多媒体作品，且具有可视化、交互性的操作环境，易学易用、开发效率高等特点，方便非计算机专业的教学人员制作多媒体课件。

3. 调试修改

多媒体课件研制出来后，要进行全方位的系统调试，以发现课件中的错误与不足之处，并对错误做进一步的修改与完善，经检测完善后进行初次的使用和评价。

8.4.3　多媒体课件的评价、修改与发布

课件适用与评价主要是收集用户关于教学课件的反馈信息，为开发者提供教学课件修改完善的依据，从而促进教学课件设计开发的科学与规范，提高教学课件的质量水平。评价的内容主要包括 3 个方面：一是多媒体课件的各项技术指标参数，如教学课件的稳定性、容错能力、兼容性等；二是多媒体课件的教学特性，如教学内容设计与表现的科学性与艺术性等；三是教学课件的使用特性，如教学课件的导航能力、使用的方便程度、可实现的教学形式等。常见的评价指标如表 8-6 所列。

表 8-6　多媒体课件的评价指标

评价项目	评 价 标 准	权重	评价等级			
			优	良	中	差
教育性 (40分)	选题恰当，符合课程标准要求及学生实际					
	突出重点，突破难点，深入浅出，易于接受					
	以学生为主体，促进思维，培养能力					
	作业和练习典型，分量适当，有创意					
科学性 (20分)	内容正确，逻辑严密，层次清楚					
	模拟仿真形象，举例恰当、准确、真实					
	场景设置、素材、名词术语、操作示范合理					
技术性 (20分)	图像、动画、声音、文字设计合理					
	画面清晰，动画连续，色彩逼真，文字醒目					
	声音清晰，音量适当，快慢适度					
	交互设计合理，智能性好					
艺术性 (10分)	媒体多样，选用适当，创意新颖，构思巧妙					
	画面悦目，声音悦耳					
使用性 (10分)	界面友好，操作简单、灵活					
	容错能力强，文档齐备					

　　课件修改是根据课件试用和评价获得的反馈信息，再对课件进行完善。经过前面各项工作的反复执行，最后就可以发布与应用了，以实现其在教学实践中的价值及优秀资源的推广共享。

8.5　思考与制作题

(1) 多媒体课件的分类有哪几种，各自有什么特点？
(2) 简述多媒体课件开发的流程。
(3) 课件评价的意义。

第9章 Flash 课件制作的结构组织与交互设计

本章主要内容:

※ 场景与课件知识单元
※ Flash 课件模块设计与链接
※ 交互设计

Flash 作为一个平面动画制作软件,是众多的二维动画设计软件中的佼佼者。设计的多媒体作品不仅应用在娱乐领域,在教育领域中需要动画辅助教学更是迫不及待。选择 Flash 作为开发多媒体课件的工具,在组织或准备素材上较为方便,它的图形功能十分强大,工具简单但对图形的绘制十分方便,变形的手法多样灵活。动画表现效果也丰富多彩。第 8 章为我们提供了多媒体课件制作的理论知识,以这些理论作为指导,在 Flash 中把多媒体课件当作动画作品来创作。这种制作除了遵循多媒体课件制作的要求外,还要熟悉在 Flash 中组织动画的结构和交互设计,再把握好这些内容,利用 Flash 制作多媒体课件就可以得心应手了。

9.1 场景与课件知识单元

9.1.1 场景的概念

场景就是动画中一个相对独立的场地,有背景衬托,动画对象就在这样的一个场地中运动或表现效果。一个 Flash 动画文件可能包含几个场景,每个场景中又包含许多个图层和帧内容。整个 Flash 动画可以由一个场景组成,也可以由几个场景组成。

Flash 中使用场景的概念,完全是来自影视中按衬托的背景来描述故事发展的变化,从发展到高潮乃至结束,都有场景的不断变化。Flash 中按场景来组织整个完整的动画,从技术上说符合传统的制作手段,从制作上看方便于导演一个完整的动画。一个有完整故事情节的故事是不能一气呵成的,按场景设计就能把握好故事发展的细节。也就是说可以用场景把整个 Flash 动画分成几个部分。各个部分之间的设计是独立的,每一个场景中需要的元件可以独立设计不受彼此的影响。这样制作就能实现团队制作,按情节分工或按场景开展设计制作动画。

当一个 Flash 动画的所有场景制作完成后串联在一起播放,就构成了一个动画片了。场景的组接就是实现了动画故事情节的连接,一个完整的故事就有了。

9.1.2 场景与课件单元知识

根据第 8 章中关于课件设计过程中的系统设计,把整个选择的教学内容按课件的组成结构进行规划,其构成分为封面、扉页、主页、封底四部分。在主页部分中又分为若干组成单元,再从单元细分到知识点,逐级细分。每一页在课件设计中称为一个框面。制作稿本编写,就是按框面来组织课件内容，各页面之间怎样链接，又如何呈现都标得清清楚楚。按照这种分明的结构设计，可以把每一单元或知识点和 Flash 的场景对应起来。在 Flash 中要实现这些单元知识的演示播放，就当做其中的一个场景来对待，对这个场景按照制作稿本的描述完成内容制作，就可以完成一个课件单元的制作了。

课件的单元知识和 Flash 动画的场景概念是可以对等起来的，将场景表现的动画情景转为呈现知识，两者是一致的，没有阻塞之处或出入的地方。将规划的课件结构，在制作稿本中引入 Flash 的场景概念。这样，在第 8 章的制作稿本编写的分页面设计（表 8-4）中的页面名就可以改为场景序号了。其他的内容不变，并且在 Flash 的每一场景中都能设置交互元素实现各场景的跳转，这和分页面设计中指明的链接结构方式一样。

Flash 动画的场景一般是按顺序排列在场景管理器中，播放时顺序播放。而利用场景来组织多媒体课件的单元知识，这些场景就必须依赖于 Actionscript 脚本语言来实现链接和跳转。下面介绍场景之间的跳转和链接操作。

9.1.3　场景管理与场景间的调用

Flash 中一个影片所包含的场景由"场景"管理面板管理，如图 9-1 所示。

在 Flash 的编辑环境中打开场景管理面板的操作步骤有以下两种方法：

① 执行菜单"窗口"→"其他面板"→"场景"；
② 使用键盘快捷键"Shift+F2"。

每一个新建立的 Flash 影片文档在场景管理面板中都只有一个场景，这是默认值，随着制作动画的需要可以随意增加多个场景。一个 Flash 影片需要场景的个数，由动画设计的需要而定，有的创作者在制作复杂的动画时用了很多个场景，也有的创作者只使用一个场景来制作一个动画。不同的人在制作动画的过程都有各自的分析方法。而团队制作为了分工，将一个完整的动画分成几段，每一段就是一个场景，则安排起来就方便多了，也适合分工合作。

图 9-1　场景管理面板

场景管理面板中的每一个场景都包含有相同的时间轴线和图层。每一个场景的编辑环境是一样的，没有什么异同。一个 Flash 动画影片中包含的多个场景，在场景管理面板中排列顺序是从上到下的。这些场景中的动画内容，在动画播放时，就是从上面的场景向下逐个地进行播出，第一个场景的动画播放完成就播放第二个场景，直到所有场景播放完成，就又重新返回播放第一个场景。在没有其他的指令控制播放的情况，按照比顺序播放。

下面认识一下场景管理面板。如图 9-1 所示，整个面板看起来显得很简单，没有像其他面板那样有很多按钮或别的操作对象。面板的空白区域为场景列表区，动画制作中所建立的场景都将显示在这里。每一场景在建立起来时都有一个默认的名称——"场景"，再加上一个数字。这个默认的名称可以根据需要进行更改。更改场景名称的操作方法很简单，只要用鼠标双击所要改名的场景即可出现文字输入光标闪动，这时就可输入新的名称了。在设计动画过程中养成命名的习惯，对制作动画是很有帮助的，这可以让我们能井然有序地处理一个复杂动画中的各场景的关系，编辑修改都能应对自如。

场景管理面板的右下角有 3 个图标按钮，是用来管理场景的。左边第一个是复制场景，就是将一个现成的场景复制出一个副本来。其操作步骤如下：

(1) 选中所要复制的场景；

(2) 用鼠标单击"直接复制场景"按钮，在场景管理面板中就会多出一个场景来，并且复制出来的场景名称中都带有"副本"两个字。

中间的图标按钮为"添加场景"按钮。该按钮的功能是给 Flash 影片添加一个新的场景。用鼠标直接单击这个按钮后，在场景管理面板中就会添加一个新的场景出来。在添加了一个新场景后，也许这个新的场景会在场景管理列表中的尾部，也许会在中间的位置，出现这样的现象主要是在单击"添加场景"按钮时，列表中选中的场景在哪个位置，新建的场景就会处在它的下方了。位置不对不要紧，可以利用鼠标进行拖动。当要改变一个场景在管理列表中的位置时，只要用鼠标拖动这个场景到指定的位置，再放开鼠标，则这个场景就放置到新的位置了。

右边的图标按钮是"删除场景"按钮，其功能是用来删除场景的。当场景管理面板中的某些场景不要时，就可以利用它来删除掉场景。其操作过程如下：

(1) 选择所要删除的场景；

(2) 直接用鼠标单击"删除场景"按钮，这样一个场景就被删除掉了。

在场景管理面板中选择一个场景，就可以对该场景进行编辑操作了，在时间轴线的面板上会出现该场景的名字。多个场景在进行编辑时，切换场景就是通过在场景管理面板里选择场景来实现的，一次只能显示一个场景的内容。

多个场景的动画播放起来是按顺序完成的，而利用 Flash 制作多媒体课件，课件是需要暂停及进行交互操作的。而多个场景之间又如何能很好地随意调用和链接呢。这些操作都要借助于 Actionscript 脚本代码来实现。下面先来认识与场景跳转有关的一些 Actionscript 脚本代码函数。

(1) gotoAndPlay([scene:String], frame:Object)函数。

功能：将播放头转到场景中指定的帧并从该帧开始播放。如果未指定场景，则播放头将转到当前场景中的指定帧。只能在根时间轴上使用 scene 参数，不能在影片剪辑或文档中其他对象的时间轴内使用该参数。

参数说明：

scene:String[可选]——一个字符串，指定播放头要转到其中的场景的名称。

frame:Object——表示播放头转到的帧编号的数字，或者表示播放头转到的帧标签的字符串。

(2) gotoAndStop([scene:String], frame:Object) 函数。

功能：将播放头转到场景中指定的帧并停止播放。如果未指定场景，播放头将转到当前场景中的帧。只能在根时间轴上使用 scene 参数，不能在影片剪辑或文档中的其他对象的时间轴内使用该参数。

参数说明：

scene:String[可选]——一个字符串，指定播放头要转到其中的场景的名称。

frame:Object——表示播放头转到的帧编号的数字，或者表示播放头转到的帧标签的字符串。

(3) nextScene( )函数。

功能：将播放头转到下一场景的第 1 帧。这里的下一场景就是场景管理面板中和当前场景相连的下一场景。无参数。

(4) prevScene( )函数。

功能：将播放头转到前一场景的第 1 帧。是 nextScene( )函数的逆函数，跳转到当前场景的前一场景。无参数。

以上 4 个函数是 Flash 中用来实现场景之间跳转播放的常用脚本代码。把课件分析中确定的单元知识点按场景来规划制作，就要涉及到场景之间的跳转了，每个场景的播放过程还要借助 stop( )和 play( )来控制场景的播放，否则一旦跳到某个场景时，所有内容就会一下播放完成了。

执行场景跳转脚本代码一般都只能是在按钮的事件处理当中来完成。下面来看一个简单的场景交互跳转的课件框架结构例子。

9.1.4　课件场景之间的跳转例子

我们来制作一个简单的例子如图 9-2 所示。利用场景来布局课件的基本框架结构，学习场景在多媒体课件设计中，如何与单元知识联系起来，以及在 Flash 中组织这些场景以构成一个完整的课件。

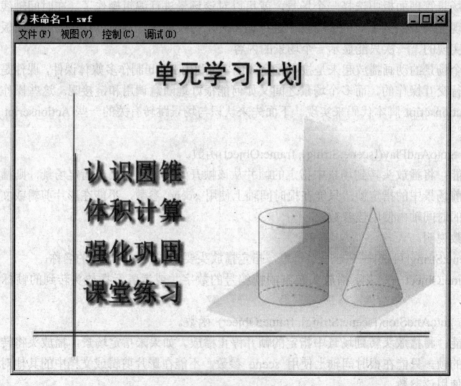

图 9-2　场景跳转实例设计

本例以五年级数学第十册中关于圆锥的体积一课的知识将其制作成多媒体课件。对这一课设计成四部分，分别为认识圆锥、体积计算、强化巩固、课堂练习。在 Flash 中这四部分就对应了 4 个场景，如果把主页（图 9-2）也当成一个场景的话，则共需要 5 个场景。在这里没有按多媒体课件的结构来设计，只是为了讲解场景之间跳转而已。

具体的操作步骤如下。

(1) 新建一个 Flash 影片文档，舞台大小和背景颜色使用默认值。

(2) 打开"场景管理"面板，在里面添加四个场景，原先已有一个，共有 5 个场景，如图 9-3 所示。

(3) 执行菜单"插入"→"新建元件"，选择为"按钮"，使用默认名称。在按钮元件编辑环境中，选择"文本工具"，输入文字"认识圆锥"，字体为宋体，大小为 32，颜色为红色。打开"滤镜"面板，给文字对象添加"投影"滤镜，颜色设置为紫色，如图 9-4 所示。

图 9-3　场景管理面板

(4) 重复执行步骤(3)再建立 4 个按钮元件，文字分别使用"体积计算"、"强化巩固"、"课堂练习"、"返回"。其中返回按钮的文字颜色设为蓝色，投影色设为黑色。

(5) 在场景管理面板中选择"场景 1"进行编辑。在图层 1 中利用"椭圆工具"和"线条工具"以及其他工具建立主页的背景，即图 9-2。

图 9-4　认识圆锥按钮

(6) 增加图层 2，打开"库"面板，在图层 2 的第 1 帧中把"认识圆锥"、"体积计算"、"强化巩固"、"课堂练习" 4 个按钮从库中拖出到舞台上。安排位置如图 9-2 所示。

(7) 增加图层 3，选中第 1 帧，打开"动作"面板，输入代码：stop( )。

(8) 选择舞台上的按钮"认识圆锥"，在"动作"面板中输入以下代码：

```
on (press) {
    gotoAndPlay("场景 2",1);
}
```

按钮"体积计算"的代码如下：

```
on (press) {
    gotoAndPlay("场景 3",1);
}
```

按钮"强化巩固"的代码如下：

```
on (press) {
    gotoAndPlay("场景 4",1);
}
```

按钮"课堂练习"的代码如下：

```
on (press) {
    gotoAndPlay("场景 5",1);
}
```

(9) 场景 1 中时间轴线的编辑情况如图 9-5 所示。

(10) 在场景管理面板中选择"场景 2"进行编辑。场景 2 中的图层及时间轴编辑和场景 1 一致。3 个图层，图层 1 建立背景，图层 2 是放置按钮"返回"，图层 3 添加代码 stop( )。场景 2 的布局如图 9-6 所示。场景 2 所对应的"认识圆锥"单元知识，现在只安排一个空架。

163

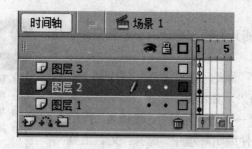

图 9-5　场景 1 的时间轴线编辑

认识圆锥

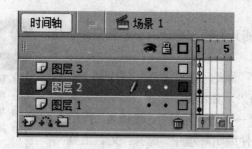

返回

图 9-6　场景 2 的布局

按钮"返回"的代码如下：

```
on (press) {
    gotoAndPlay("场景 1",1);
}
```

(11) 按照步骤(10)相同的做法编辑场景 3 至场景 5，这 3 个场景除标题文字不同外其他内容一致，界面布局相同。

(12) 测试影片。在主页面上利用鼠标点击各个单元按钮，就会在这些单元之间来回跳转了。

Flash 中场景和多媒体课件制作的单元知识是一致的。以上例子只是一个简单课件的框架结构，只要在里面对应加入内容就能实现一个完整的多媒体课件了。这样的结构是 Flash 中制作多媒体课件常见的结构。通过这样的例子，可以发现 Flash 场景之间的链接和跳转，都是和 Actionscript 脚本代码有关的，这些操作也不是很复杂，只要弄清楚脚本代码放置的位置，就能轻车熟路地实现场景之间的连接。

9.2　Flash 课件模块设计与链接

9.2.1　分模块与脚本代码

场景可以为课件制作提供分页面设计，再通过脚本代码就可以串连起来，这是一种方法。

164

对于包含内容较为丰富的多媒体课件，还可以将其分成几个模块来设计，每一模块就是一个独立的 Flash 影片文件。例如，将书中一节或一章的内容选择来制作成多媒体课件，整个课件可能分为知识学习、巩固应用、实验操作、在线测试等模块。在团队制作中这几个模块就可以分工由不同的制作人员来完成每一个模块，这样一个模块就制作成一个独立的 Flash 影片，最后再通过脚本代码将其链接到一起。

Flash 提供有在一个独立影片中可以随时调用另外一个外部的独立影片到当前舞台中播放的脚本指令。提供有这样的指令，主要就是为了更好地支持团队开发，让一个团队对一个较为复杂的动画，规划成一个个子部分，当制作完成的片断，通过指令链接到一起时，就构成一个整体了。

多媒体课件制作可以使用这样的方法来组织课件的内容，将一个庞大的东西分块进行完成，制作起来方便，后期修改也容易着手。

下面认识几个 Flash 中提供的加载外部独立影片，也就是 SWF 文件的函数。

(1) loadMovie(url:String, target:Object, [method:String])函数。

功能：在播放原始 SWF 文件时，将 SWF、JPEG、GIF 或 PNG 文件加载到 Flash Player 中的影片剪辑中。在 Flash Player 8 中添加了对非动画 GIF 文件、PNG 文件和渐进式 JPEG 文件的支持。如果加载动画 GIF，则仅显示第 1 帧。如果 SWF 文件加载到目标影片剪辑，则可使用该影片剪辑的目标路径来定位加载的 SWF 文件。加载到目标的 SWF 文件或图像会继承目标影片剪辑的位置、旋转和缩放属性。加载的图像或 SWF 文件的左上角与目标影片剪辑的注册点对齐。或者，如果目标为根时间轴，则该图像或 SWF 文件的左上角与舞台的左上角对齐。

参数说明：

url:String——要加载的 SWF 文件或 JPEG 文件的绝对或相对 URL。相对路径必须相对于级别 0 处的 SWF 文件。绝对 URL 必须包括协议引用，如"http://"或"file:///"。

target:Object——对影片剪辑对象的引用或表示目标影片剪辑路径的字符串。目标影片剪辑将被加载的 SWF 文件或图像所替换。

method:String [可选]——指定用于发送变量的 HTTP 方法。该参数必须是字符串 GET 或 POST。如果没有要发送的变量，则省略此参数。GET 方法将变量附加到 URL 的末尾，它用于发送少量的变量。POST 方法在单独的 HTTP 标头中发送变量，它用于发送长字符串的变量。

(2) loadMovieNum(url:String, level:Number, [method:String])函数。

功能：和 loadMovie 函数相近，一般情况下，Flash Player 显示单个 SWF 文件，然后关闭。loadMovieNum( )动作使您可以一次显示多个 SWF 文件，并且无需加载另一个 HTML 文档即可在 SWF 文件之间进行切换。Flash Player 具有从级别 0 开始的级别堆叠顺序。这些级别类似于醋酸纤维层；除了每个级别上的对象之外，它们是透明的。当使用 loadMovieNum( )时，必须指定 SWF 文件将加载到 Flash Player 中的哪个级别。在 SWF 文件加载到某个级别后，即可使用语法 _level N 定位该 SWF 文件，其中 N 为级别号。

参数说明：

url:String——要加载的 SWF 文件或 JPEG 文件的绝对或相对 URL。相对路径必须相对于级别 0 处的 SWF 文件。为了在独立的 Flash Player 中使用 SWF 文件或在 Flash 创作应用程序的测试模式下测试 SWF 文件，必须将所有的 SWF 文件存储在同一个文件夹中，并且其文件名不能包含文件夹或磁盘驱动器的规格。

level:Number——一个整数，指定 SWF 文件将加载到 Flash Player 中的哪个级别。

method:String [可选]——指定用于发送变量的 HTTP 方法。该参数必须是字符串 GET 或 POST。如果没有要发送的变量，则省略此参数。GET 方法将变量附加到 URL 的末尾，它用于发送少量的变量。POST 方法在单独的 HTTP 标头中发送变量，它用于发送长字符串的变量。

(3) unloadMovie(target:MovieClip)函数。

功能：从 Flash Player 中删除通过 loadMovie( ) 加载的影片剪辑。

参数说明：

target:Object——影片剪辑的目标路径。此参数可以是一个字符串(如"my_mc")，也可以是对影片剪辑实例的直接引用(如 my_mc)。能够接受一种以上数据类型的参数以 Object 类型列出。

(4) unloadMovieNum(level:Number)函数。

功能：从 Flash Player 中删除通过 loadMovieNum( ) 加载的 SWF 或图像。

参数说明：

level:Number——加载的影片的级别 (_level N)。

9.2.2 应用实例

此处可以将 9.1.4 小节的例子改为使用场景分页设计多媒体课件为独立影片 SWF 文件形式来分模块制作课件。这两种做法，除了制作上的技术有所区别外，在课件分析上指导思想完全一样，也就是之前对课件的结构分析也可以适用在这里，只是在制作稿本中将某些表明为场景页面的内容，改换为独立的影片 SWF。这是两种制作方法，有异曲同工之妙。这种做法在团队分工中，实施制作会更方便些，毕竟和分场景的做法比较，场景还是一个独立影片的包含内容，团队分工不大好独立实施制作，会受其他部分场景的影响。而这种独立影片模块 SWF 的设计技巧，团队成员可以不受影响地独立完成一个 SWF 的制作。当所有模块 SWF 制作完成后，通过主页的 SWF 中调用其他外部的 SWF 文件就可以了。

在 9.1.4 小节的例子中，分别把"认识圆锥"、"体积计算"、"强化巩固"、"课堂练习"做成四个独立影片 SWF。主页也是一个独立的 SWF 文件，在这里通过按钮事件调用链接外部的 SWF。以下是具体操作。

(1) 分别新建 4 个独立 Flash 影片文件，把这 4 个文件保存到同一个目录里，文件保存的名字为"认识圆锥.fla"、"体积计算.fla"、"强化巩固.fla"、"课堂练习.fla"。这 4 个 Flash 影片文件的内容，就把 9.1.4 小节的例子中对应的场景复制出来粘贴到这些文件中就行了。这里讲解的也是一个多媒体课件的基本框架，不需要加入实际的教学内容。制作好的 4 个 Flash 影片文件分别将其生成 SWF 文件，即分别执行"测试影片"就可以生成了。

(2) 再建立一个 Flash 影片当做主页文件，并且也要和上面建立的四个文件保存在同一个目录里，文件名为"主页"。主页文件的界面上的设计布局和 9.1.4 小节中例子的布局设置一样，界面上设置 4 个按钮元件，建立的 4 个按钮元件也与其一致。这 4 个按钮元件就是用来执行事件代码调用外部的 4 个 SWF 文件。

(3) 在调用外部 SWF 文件时，有两种使用方式，一种是将调用的外部 SWF 文件替换当前的影片内容；另一种是把调用的外部 SWF 文件当成是当前影片的一个影片剪辑对象。

对第一种做法，即调用的外部 SWF 文件替换掉主页的影片内容。主页影片文件中的 4 个按钮的事件代码分别如下：

按钮"认识圆锥"的动作脚本：

```
on (press) {
    loadMovie("认识圆锥.swf",this);
}
```

按钮"体积计算"的动作脚本：

```
on (press) {
    loadMovie("体积计算.swf",this);
}
```

按钮"强化巩固"的动作脚本：

```
on (press) {
    loadMovie("强化巩固.swf",this);
}
```

按钮"课堂练习"的动作脚本：

```
on (press) {
    loadMovie("课堂练习.swf",this);
}
```

对应四个外部影片文件的返回按钮的事件代码为：

```
on (press) {
    loadMovie("主页.swf",this);
}
```

对第二种做法，即把调用的外部 SWF 文件当做当前影片的一个影片剪辑对象，界面布局改变如图 9-7 所示，脚本也要做相应的变动如下：

按钮"认识圆锥"的动作脚本：

```
on (press) {
    this.createEmptyMovieClip("mySquare", 999);
    mySquare.loadMovie("认识圆锥.swf ");
    setProperty(mySquare,_x,91);
    setProperty(mySquare,_y,59);
}
```

按钮"体积计算"的动作脚本：

```
on (press) {
    this.createEmptyMovieClip("mySquare", 999);
    mySquare.loadMovie("体积计算.swf ");
    setProperty(mySquare,_x,91);
    setProperty(mySquare,_y,59);
}
```

按钮"强化巩固"的动作脚本：

```
on (press) {
    this.createEmptyMovieClip("mySquare", 999);
    mySquare.loadMovie("强化巩固.swf ");
```

```
    setProperty(mySquare,_x,91);
    setProperty(mySquare,_y,59);
}
```
按钮"课堂练习"的动作脚本：
```
on (press) {
    this.createEmptyMovieClip("mySquare", 999);
    mySquare.loadMovie("课堂练习.swf ");
    setProperty(mySquare,_x,91);
    setProperty(mySquare,_y,59);
}
```
去掉 4 个外部影片文件的返回按钮。

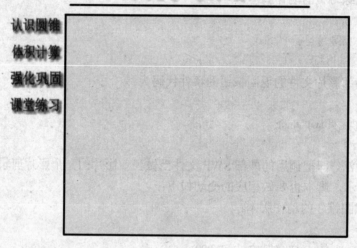

图 9-7　主页界面

图 9-7 中矩形框区域是调用外部 SWF 生成的影片剪辑所在位置。脚本代码中使用到了几个函数。

(1) createEmptyMovieClip(name:String, depth:Number)函数。

功能：创建一个空影片剪辑作为现有影片剪辑的子级。新创建的空影片剪辑的注册点为左上角。如果缺少任意一个参数，则此方法将失败。

参数说明：

name:String——标识新影片剪辑的实例名称的字符串。

depth:Number——指定新影片剪辑的深度的整数。

(2) setProperty(target:Object, property:Object, expression:Object)函数。

功能：当影片剪辑播放时，更改影片剪辑的属性值。

参数说明：

target:Object ——要设置其属性的影片剪辑的实例名称的路径。

property:Object——要设置的属性。

expression:Object——属性的新的字面值，或者是计算结果为属性新值的等式。

168

4 个按钮的处理事件脚本代码的执行过程就是先使用函数 createEmptyMovieClip 在当前影片中创建一个空的影片剪辑元件，再把外部的 SWF 文件加载到这个空的影片剪辑中。接着使用函数 setProperty 设置这个影片剪辑的坐标位置。

9.3 交 互 设 计

Flash 开发多媒体作品，其人机交互制作，没有 Authorware 那样提供有十几种方式，有鼠标参与交互，也有键盘的交互，制作交互界面得心应手，不需要编程，就能开发出所需的交互作品来。

在 Flash 中虽然没有 Authorware 那样丰富的交互方式，但只要熟练使用 Flash，掌握了 Flash 的各种开发技巧，一样可以制作出完美的人机交互界面，以及使用简便、操作快捷的多媒体课件。在此介绍利用 ActionScript 脚本代码设计一些常见的交互界面，这些交互方式的制作也是后续的应用实例中常使用的。

9.3.1 鼠标交互的方式

利用鼠标进行界面的交互操作，这是常见的。鼠标作为一种交互的输入设备，它使得操作电脑的人员更方便地处理完成所要操作的任务，是最方便的。Flash 中使用鼠标进行操作的动作也有一些，如单击按钮、拖放一个对象、动态提示信息等。这些都是交互界面中会碰到的。课件中为了加强学习者和电脑的交互，交互界面应尽量做到人性化的程度。下面介绍一些常见的鼠标交互动作在 Flash 中的实现。

1. 按钮元件的交互界面

利用按钮对象来构造一个交互界面是较为普遍的，也是比较有效的。现在很多多媒体课件的交互界面大都采用按钮来完成交互界面的设计。如果把一个多媒体课件分成多个页面，那各个页面之间的链接，往往都是使用按钮来实现的。如 9.1.4 小节介绍到的例子就是这样。

课件制作交互界面除了用按钮链接其他页面外，还有用某个图形对象或文字等。在 Authorware 中就有热区、热对象这样的交互元素。这些在 Flash 中都可以用 Flash 的按钮元件来代替。因为按钮元件在 Flash 中可以制作得比 Authorware 中的更加漂亮，它可以使用文字也可以使用图形，并且图形还能兼容其他图像处理软件制作的图形。

Flash 的按钮不仅有静态的，还有动态的。动态按钮可以为交互界面完善人性化设计，使界面的交互过程更符合人的某些习惯，把交互过程变得人性化，而不是机械般地操作，还能增加趣味性。可以参考前面关于按钮元件制作部分的内容。

接下来介绍利用 Flash 的按钮元件设计一个多媒体课件的交互主页界面，效果如图 9-8 所示。这个课件是关于高中生物课程的高等植物细胞结构与功能一课的内容。整个界面由背景图和 5 个按钮元件实例构成。为了界面的美观效果，图片处理利用了 Photoshop 软件制作。

5 个按钮的图片也是在 Photoshop 中完成的。使用 Photoshop 制作塑料按钮的效果。每一个按钮制作两张图片，一张是亮度稍微暗些，另一张亮些。制作成的 Flash 按钮在鼠标进入时，两张图片交替显示由暗变亮，增加界面的效果。

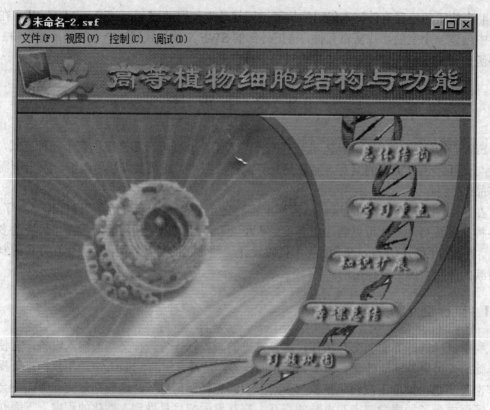

图 9-8   课件主页交互界面

制作步骤如下：

(1) 新建一个 Flash 影片文档，使用默认属性值；

(2) 在图层 1 中把制作好的背景图加入到舞台上，调整好与舞台的位置；

(3) 执行菜单"插入"→"新建元件"，选择为"按钮"；

(4) 在按钮元件编辑环境中，选中时间轴线上的"弹起"帧，导入如图 9-9 所示的图片，要暗点的那张；

图 9-9   按钮图片

(5) 选中"指针经过"帧，导入上图的较亮点的那张图片，并复制"指针经过"帧粘贴到"按下"帧中；

(6) 执行菜单"文件"→"导入到库"，选择预先准备好的鼠标单击动作声效文件；选择"按下"帧，打开"属性"面板，设置声音项为刚才导入的声效文件；

(7) 重复步骤(3)至(6)，完成另外四个按钮的制作，分别是"学习重点"、"知识扩展"、"本课总结"、"习题巩固"；

(8) 返回场景编辑环境，新建图层 2，打开"库"面板，把建立好的五个按钮从库中拖出，放置到图层 2 中，在舞台上布局如图 9-8 所示；

170

(9) 给各个按钮编写脚本代码，至此一个使用按钮设计的交互界面就完成了。

2. 鼠标拖放的交互

鼠标的拖放交互，在课件制作中是常用的操作，这也是非常人性化的一种交互方式。在学习计算机呈现的内容时，有些时候需要互动而拖动就更能体现出人机交互的互动。如，模拟仿真实验，就是依靠鼠标拖动一些对象来完成实验的操作。

在 Flash 中制作鼠标拖动的交互要借助 ActionScript 脚本语言才能实现，下面介绍一个简单的鼠标拖动效果动画，效果如图 9-10 所示。

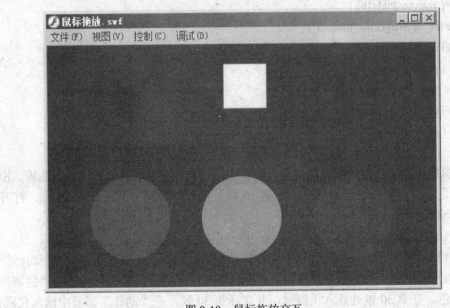

图 9-10　鼠标拖放交互

(1) 新建一个 Flash 影片文件，舞台大小设为 500×300 像素，背景色为黑色。

(2) 执行菜单"插入"→"新建元件"，选为"按钮"，在按钮编辑环境中，使用"矩形工具"在"弹起"帧中绘制一个无边框填充为黄色的正方形。使用"选择工具"框选住这个正方形，执行"修改"→"转换为元件"，在弹出的对话框中选择为"图形"，单击确定按钮。

(3) 复制"弹起"帧，分别粘贴到其他的帧中去，如图 9-11 所示。

图 9-11　按钮元件编辑

(4) 执行菜单"插入"→"新建元件"，选择为"影片剪辑"，在影片剪辑编辑环境中，从库面板中把按钮元件拖出一个实例放到图层 1 的第 1 帧中。选中第 1 帧，打开"动作"面板，输入"stop( )"，选中按钮对象，在"动作"面板中输入以下代码：

```
on (press)
{startDrag ("/dragmovie", false);}
```

```
on (release)
{    stopDrag ( );
    if (_droptarget == "/target1")
    { tellTarget("/dragmovie")
        { gotoAndPlay(2);}
    }else if (_droptarget == "/target2")
    { tellTarget("/dragmovie")
        { gotoAndPlay(16);}
    }else if (_droptarget == "/target3")
    { tellTarget("/dragmovie")
        { gotoAndPlay(31);}
    } else
    { tellTarget("/dragmovie")
        { gotoAndStop(1);}
    } }
```

(5) 在图层 1 的第 2 帧处插入关键帧，选中正方形按钮对象，打开"属性"面板，设置颜色选项为"色调"，颜色设置为红色。在第 15 帧处插入关键帧，并选择第 15 帧，打开"动作"面板，输入代码：

gotoAndPlay(2);

(6) 选择第 2 帧，在"属性"面板中，设置补间为"动画"，旋转选项为"顺时针"。在第 16 帧处插入关键帧，选中正方形按钮，在"属性"面板中，设置颜色选项为"色调"，颜色设置为绿色。在第 30 帧处插入关键帧，并选择第 30 帧，在"动作"面板中输入代码：

gotoAndPlay(16);

(7) 选择第 16 帧，在"属性"面板中，设置补间为"动画"，旋转选项为"顺时针"。在第 31 帧处插入关键帧，选择正方形按钮，在"属性"面板中，设置颜色选项为"色调"，颜色设置为黄色。在第 45 帧处插入关键帧，并选择第 45 帧，在"动作"面板中输入代码：

gotoAndPlay(31);

(8) 选择第 31 帧，在"属性"面板中，设置补间为"动画"，旋转选项为"顺时针"。时间轴线编辑情况如图 9-12 所示。

图 9-12   时间轴线编辑情况

(9) 执行菜单"插入"→"新建元件"，选择为影片剪辑，在影片剪辑编辑环境中，使用"椭圆"工具绘制一个无边框填充颜色为红色的正圆。使用"选择工具"框选住正圆，将其转换为图形元件。

(10) 返回到场景编辑环境，将库中的元件 3 拖出到舞台上，在"属性"面板中取实例名称为"dragmovie"。将元件 4 拖出 3 个实例到舞台上，布局如图 9-10 所示，分别取实例名称为"target1"、"target2"、"target3"。选中左边的圆对象，在"属性"面板中设置颜色选项为"色调"，RGB 值的红色分量为 171，其他为 0。选中中间的圆对象，在"属性"面板中设置颜色选项为"色调"，RGB 值的绿色分量为 171，其他为 0。选中右边的圆对象，在"属性"面板中设置颜色选项为"色调"，RGB 值的蓝色分量为 171，其他为 0。

(11) 测试影片，使用鼠标拖动正方形对象到下方的圆中，观看效果如何变化。

步骤(4)中的脚本代码使用的函数介绍如下：

(1) startDrag(target: Object, [lock: Boolean, left: Number, top: Number, right:Number, bottom: Number])函数。

功能：使 target 影片剪辑在影片播放过程中可拖动。一次只能拖动一个影片剪辑。执行 startDrag( )操作后，影片剪辑将保持可拖动状态，直到用 stopDrag( )显式停止拖动为止，或直到对其他影片剪辑调用了 startDrag( )动作为止。

参数说明：

target:Object——要拖动的影片剪辑的目标路径。

lock:Boolean [可选]——一个布尔值，指定可拖动影片剪辑是锁定到鼠标位置中央 (true)，还是锁定到用户首次单击该影片剪辑的位置上(false)。

left,top,right,bottom:Number [可选]——相对于该影片剪辑的父级的坐标值，用以指定该影片剪辑的约束矩形。

(2) stopDrag( )函数。

功能：停止当前的拖动操作。

(3) tellTarget(target:String){statement(s);}函数。

功能：将在 statements 参数中指定的指令应用于在 target 参数中指定的时间轴。

参数说明：

target:String——一个字符串，指定要控制的时间轴的目标路径。

statement(s)——条件为 true 时要执行的指令。

(4) _droptarget 属性(MovieClip._droptarget 属性)。

功能：返回在其上放置此影片剪辑的影片剪辑实例的绝对路径，以斜杠语法记号表示。_droptarget 属性始终返回以斜杠(/)开始的路径。

9.3.2 键盘交互

利用键盘进行交互也是常见的操作，在游戏中尤为重要，有键盘操作就要设置响应键盘的处理事件。Flash 中响应键盘的方法主要有 4 种，分别是利用按钮进行检测、利用 Key 对象、利用键盘侦听的方法、利用影片剪辑的 keyUp 和 keyDown 事件来实现响应键盘。

1. 利用按钮进行检测来实现响应键盘

在按钮的 on 事件处理函数中不但可以对鼠标事件作出响应，而且可以对键盘事件作出响应。如在按钮的动作面板中加入如下所示的代码，在敲击键盘上的 x 键时输出窗口中将提示：X is pressed。在按钮的"动作"面板加上代码：

```
on (keyPress "x") {
    trace("X is pressed");
}
```

但是要注意的是，检测键盘上的字母键时，字母都应为小写。如果要检测键盘中的特殊键，Flash 中有一些专门的代码来表示它们，下面列出了一些常用的功能键的表示代码：

\<Left\>、\<Right\>、\<Up\>、\<Down\>、\<Space\>、\<Home\>、\<End\>、\<Insert\>、\<PageUp\>、\<PageDown\>、\<Enter\>、\<Delete\>、\<Backspace\>、\<Tab\>、\<Escape\>。

如要检测键盘上的\<Left\>键，可以使用下面的 ActionScript 代码：

```
on (keyPress "<Left>") {
        trace("Left is pressed");
}
```

另外，可以在一个按钮中加入若干个 on 函数，也可以在一个 on 函数中结合多种事件，为按钮定义自己熟悉常用的快捷键，如下所示：

```
on (release, keyPress "<Left>") {
        _root.myMC.prevFrame( );}
on (release, keyPress "<Right>") {
_root.myMC.nextFrame( );}
```

上面的第一个语句实现单击按钮或按键盘上的左方向键，控制影片剪辑 myMC 回退 1 帧，而上面的第二个语句实现单击按钮或按键盘上的右方向键，控制影片剪辑 myMC 前进 1 帧。

2. 利用 Key 对象来实现响应键盘

利用按钮检测按键动作很有效，但是并不利于检测持续按下的键，所以不适合于制作某些通过键盘控制的游戏。

这时，就需要用到 Key 对象。Key 对象包含在动作面板的"ActionScript 2.0 类"→"影片"目录下面，它由 Flash 内置的一系列方法、常量和函数构成。使用 Key 对象可以检测某个键是否被按下，如要检测左方向键是否被按下，可以使用如下 ActionScript 脚本：

```
if (Key.isDown(Key.LEFT)) {
    trace("The left arrow is down");
}
```

函数 Key.isDown 返回一个布尔值，当该数中的参数对应的键被按下时返回 true，否则返回 false。常量 Key.LEFT 代表键盘上的左方向键。当左方向键被按下时，该函数返回 true。

Key 对象中的常量代表了键盘上相应的键，下面列出了一些功能键的表示：

Key.BACKSPACE、Key.ENTER、Key.PGDN、Key.CAPSLOCK、Key.ESCAPE、Key.RIGHT、Key.CONTROL、Key.HOME、Key.SHIFT、Key.DELETEKEY、Key.INSERT、Key.SPACE、Key.DOWN、Key.LEFT、Key.TAB、Key.END、Key.PGUP、Key.UP。

3. 利用键盘侦听的方法来实现响应键盘

假设在影片剪辑的 onClipEvent(enterFrame)事件处理函数中检测按键动作，而影片剪辑所在的时间轴较长，或计算机运算速度较慢，就有可能出现当在键盘上按下某个键时，还未来得及处理 onClipEvent(enterFrame)函数的情况，使得按键动作将被忽略，这样的话，很多想要的效果就会无法实现了。

另外，还有一个需要解决的问题就是，在某些游戏(如射击)中，需要按一次键就执行一次动作(发射一发子弹)，即使长时间按住某个键不放也只能算做一次按键，而 Key 对象并不能区别是长时间按住同一个键还是快速地多次按键。

如果要解决这个问题，就需要用到键盘侦听的方法。可以使用"侦听器(listener)"来侦听键盘上的按键动作。

要使用侦听器之前，首先需要创建它，可以使用如下所示的命令来告诉计算机需要侦听某个事件：

```
Key.addListener(_root);
```

Key.addListener 命令将主时间轴或某个影片剪辑作为它的参数，当侦听的事件发生时，可以用这个参数指定的对象来响应该事件。

上面的代码指定主时间轴来响应该事件。要让主时间轴对该事件作出响应，还需要设置一个相应的事件处理函数，否则设置侦听器就没有意义了。

键盘侦听的事件处理函数有两个：onKeyUp 和 onKeyDown，如下所示：

```
Key.addListener(_root);
_root.onKeyUp = function( ) {
  trace(Key.getAscii( ));
};
```

当然，也可以使用影片剪辑作为侦听键盘的对象，只需要使用影片剪辑的路径代替_root作为 Key.addListener 命令的参数就可以了，如下面代码：

```
Key.addListener(_root.mc);
_root.mc.onKeyUp = function( ) {
  trace(Key.getAscii( ));
};
```

代码的意思是，当按下一个键并释放后，输出窗口将输出按下的那个键的 ASCII 码。意思差不多，但是键盘侦听对象不同，一个是影片 mc,一个是主时间轴。

4. 利用影片剪辑的 keyUp 和 keyDown 事件来实现响应键盘

最后一种方法很容易被忽视，但是也有一定的应用价值，最重要的是把概念弄清楚。影片剪辑包含两个与键盘相关的事件 keyUp 和 keyDown，使用它们也可以实现对按键事件的响应，如下面的代码：

```
onClipEvent (keyDown) {
  trace(Key.getAscii( ));
  }
```

函数 Key.getAscii 表示返回与按键相对应的 ASCII 码，其中 ASCII 码是一个整数，键盘上的每个字符对应一个 ASCII 码，如字母 A 对应的 ASCII 码为 65，B 对应的 ASCII 码为 66，a 对应的 ASCII 码为 97，b 对应的 ASCII 码为 98，+对应的 ASCII 码为 43 等。需要注意的是，只有字符键才有 ASCII 码，键盘上的功能键是没有 ASCII 码的。

如果想在输出窗口中输出与按键相对应的字符，可以使用 String 对象的 fromCharCode 函数将 ASCII 码转换成字符，如将上例的代码改成如下所示：

```
onClipEvent (keyDown) {
  trace(String.fromCharCode(Key.getAscii( )));
};
```

5. 瓢虫随键盘方向键移动的动画实例

上面详细介绍了有关键盘交互的一些方法，并介绍了和键盘响应的 ActionScript 脚本代码。接下来应用上述知识制作一个键盘交互控制的动画实例。利用键盘上的 4 个方向键控制一只瓢虫的运动，并且瓢虫还要转身朝着方向移动。制作过程如下：

(1) 新建一个 Flash 影片文件，使用默认值；

(2) 执行菜单"插入"→"新建元件"，选择为影片剪辑；

(3) 把前面制作过的瓢虫图形加入到影片剪辑中，或是按照之前的方法在影片剪辑中重新绘制一个瓢虫出来；

(4) 回到场景编辑环境，把影片剪辑对象从库中拖出到舞台上，在"属性"面板中取个实例名称为"bug"；

(5) 选择第 1 帧，打开"动作"面板，输入以下脚本代码：

```
var distance=10;
bug.onEnterFrame=function( ){
    with(bug){
        if(Key.isDown(Key.RIGHT)){
                    setProperty("bug",_rotation,90);
                    _x+=distance;
                    if(_x>=550){
                      _x=550;
                    }
                }else if(Key.isDown(Key.LEFT)){
                    setProperty("bug",_rotation,-90);
                    _x-=distance;
                    if(_x<0){
                      _x=0;
                    }
                }else if(Key.isDown(Key.UP)){
                    setProperty("bug",_rotation,0);
                    _y-=distance;
                    if(_y<0){
                      _y=0;
                    }
                }else if(Key.isDown(Key.DOWN)){
                    setProperty("bug",_rotation,180);
                    _y+=distance;
                    if(_y>400){
                      _y=400;
}}}}
```

(6) 测试影片，使用键盘上的方向键可以控制瓢虫上下左右地转向移动。

例子中的代码使用了键盘响应处理方法 2 和方法 4 来编写脚本程序，变量 distance 是瓢虫移动的单位长度值。通过判断 4 个方向键的按下来增加或减少瓢虫的坐标值，使其移动起来。setProperty 函数用来修改瓢虫的旋转角度。

9.4 导航设计

导航在多媒体课件中是常用的交互方式。网页中、多媒体作品中也经常会用导航的方法来浏览信息。它能让操作人员快速、便捷地找到所要浏览的信息。多媒体课件中使用导航交互也是为学习者在交互学习过程中方便快捷地选择学习的内容，或是随着学习的深入，找到自己的位置。导航就是指引操作的向导。

现在在 Flash 中设计导航界面的方法和技术都比较多，可以参考相关书籍。在此介绍设计两种导航界面，以为后续内容做准备。

9.4.1 伸缩式导航界面设计

这种导航界面能够伸缩，不占用界面空间。在课件设计中，界面的空间都是很宝贵的，有足够大的空间，教学内容的信息量就丰富些。使用伸缩导航界面就能节省一些空间用于显示教学的内容。

此例制作的伸缩式导航条，设计成一个独立的影片剪辑元件，具有通用性，在后续的多媒体课件设计实例中都能排上用场。制作过程如下。

(1) 新建一个 Flash 影片文件，使用默认值；

(2) 执行菜单"插入"→"新建元件"，选择为按钮，在按钮编辑环境中建立如图 9-13 所示的图形。由于这里没有设计到具体界面设计，所以按钮所用的图形可随意些。

(3) 执行菜单"插入"→"新建元件"，选择为"按钮"，建立一个红色右向的三角形，如图 9-14 所示。

图 9-13　按钮图形　　　　　　　　　　图 9-14　三角形按钮

(4) 执行菜单"插入"→"新建元件"，选择为"影片剪辑"，在编辑环境的图层 1 第 1 帧中建立如图 9-15 所示的图形。增加图层 2，在图层 2 中把按钮元件 1 从库中拖出 5 个，对应放在如图 9-15 所示的位置上(具体设计导航交互界面时，要重复步骤(2)建立 5 个按钮元件)。两个图层的内容叠加后如图 9-16 所示。

图 9-15　按钮底图　　　　　　　　　　图 9-16　内容叠加后的按钮图

(5) 执行菜单"插入"→"新建元件"，选择为"影片剪辑"。在编辑环境的图层 1 中，从库中拖出三角形按钮的一个实例放在中心位置。增加图层 2，把步骤(4)建立的影片剪辑元件拖出到舞台上。两个图层内容的放置情况如图 9-17 所示。

图 9-17　对象布局

(6) 增加图层 3，在图层上绘制一个矩形图形，长度及高度与图 9-16 的图形一致，放置的位置从覆盖三角形按钮对象开始向右，如图 9-18 所示。

图 9-18　3 个图层的对象布局

(7) 在 20 帧处分别对图层 1 和图层 2 插入关键帧，对图层 3 插入帧。选择图层 2 的第 20 帧，使用键盘方向键向右移动对象，直到完全被图层 3 的图形覆盖。选择图层 1 的第 20 帧，使用键盘方向键移动对象，直到处在图层 3 图形的右边缘处，如图 9-19 所示。

图 9-19　3 个图层图形的布局

(8) 在图层 1 的第 19 帧处插入关键帧，把第 20 帧的内容复制粘贴到第 19 帧中，选中第 19 帧，用方向键，把三角形按钮向左移动对象的一个宽度。选中第 20 帧，执行菜单 "修改" → "变形" → "水平翻转"，把三角形按钮的箭头指向翻转。

(9) 分别选中图层 1 和图层 2 的第 1 帧，打开 "属性" 面板，设置补间为 "动画"。

(10) 在第 21 帧处分别对图层 1 和图层 2 插入关键帧。在第 40 帧处再对两个图层插入关键帧。把图层 2 的第 1 帧复制粘贴到第 40 帧。选择图层 1 的第 40 帧，改变三角形按钮的位置和第 1 帧的位置重合。注意两个帧的三角形按钮的方向指向。

(11) 分别选择图层 1 和图层 2 的第 21 帧，设置补间为 "动画"。

(12) 对图层 3 延长帧到 40 帧，将图层 3 设置为遮罩层。

(13) 增加图层 4，分别在第 1 帧、第 20 帧、第 40 帧插入空白关键帧，第 1 帧中加入脚本代码：stop( )。第 20 帧加入脚本代码：stop( )。第 40 帧加入脚本代码：gotoAndPlay(1)。

(14) 选择图层 1 的第 1 帧，选中三角形按钮，打开 "动作" 面板，输入以下脚本：

```
on (press) {
    gotoAndPlay(2);
}
```

选择第 20 帧，选中三角形按钮，打开 "动作" 面板，输入以下脚本：

```
on (press) {
    gotoAndPlay(21);
}
```

(15) 整个影片剪辑元件的时间轴线编辑情况如图 9-20 所示。

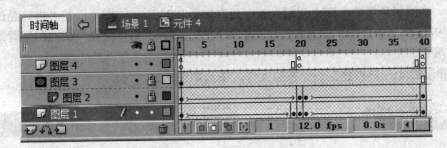

图 9-20　时间轴线编辑布局

（16）返回场景编辑环境，把库中的元件 4 拖放到舞台的左下角处，让三角形按钮对象紧贴边缘。

（17）测试影片，用鼠标点击三角形按钮，一条导航条缓缓伸出，再点击该按钮，导航条又收缩回去了。

本例中的图形效果稍微简单，如果借助 Photoshop 软件预先做好导航条的底图和按钮，再在 Flash 中伸缩导航条，那界面外观效果就更加漂亮了。如图 9-21 所示，就是 Photoshop 中处理制作的按钮面板。

图 9-21　Photoshop 中处理制作的按钮面板

这种伸缩导航条应用于分模块 SWF 多媒体课件制作中，为了将导航条处于所有影片剪辑的前面，主场景中要使用函数 swapDepths 将其级别设置为最大，这样调用的外部 SWF 文件作为主场景中的影片剪辑就不会覆盖住导航条，否则就无法操作其他内容了。有关函数 swapDepths 的说明请查看帮助文档。

9.4.2　下拉菜单制作

多媒体课件制作中使用下拉菜单来充当导航方式也是常见的。现在网络上提供的在 Flash 中制作下拉菜单的方法，虽然效果很不错，但要理解复杂 ActionScript 脚本指令，接下来介绍一种简单的下来菜单制作，尽量减少使用 ActionScript 脚本代码指令。

（1）新建一个 Flash 影片文件，使用默认值。

（2）执行菜单"插入"→"新建元件"，选择为按钮，在编辑环境中，在"弹起"帧中使用"矩形工具"和"文本工具"，创建如图 9-22 所示的图形。这是一级菜单项目。这里为了说明方法，不具体制作多个一级菜单项目，都只使用这个按钮元件充当。

（3）在"指针经过"帧建立的图形如图 9-23 所示。注意两帧图形的位置。

（4）执行菜单"插入"→"新建元件"，选择为"按钮"。这是二级菜单项目，这里也只

图 9-22　弹起帧图形

图 9-23　指针经过帧图形

179

建立一个。在编辑环境中，在"弹起"帧中建立如图 9-24 所示的图形，在"指针经过"帧中建立如图 9-25 所示的图形。注意安排这两帧图形的位置。"指针经过"帧的图形背景使用了别的填充颜色。

(5) 和步骤(4)一样再建立一个按钮元件，图形如图 9-26 所示。

图 9-24 弹起帧图形    图 9-25 指针经过帧图形    图 9-26 关闭按钮图形

(6) 执行菜单"插入"→"新建元件"，选择为影片剪辑，在编辑环境的图层 1 中，利用绘图工具创建如图 9-27 所示的图形。

(7) 增加图层 2，把库中创建的按钮元件 2 拖出五个实例放置在图层 2 中(具体使用时二级菜单的长度根据需要设定)，并使得图层 2 和图层 1 的对象放置位置如图 9-28 所示。

图 9-27 子菜单项图形   图 9-28 二级菜单图形

(8) 执行菜单"插入"→"新建元件"，选择为"影片剪辑"，在图层 1 中绘制一个蓝色填充的矩形图形，如图 9-29 所示。

图 9-29 一级菜单底图

(9) 增加图层 2，在图层 2 的第 1 帧中，将库中的按钮元件 1 拖出 5 个实例和一个按钮元件 3，沿着图层 1 的矩形图形位置平铺，如图 9-30 所示。

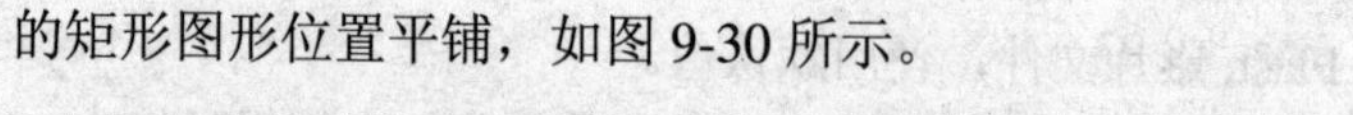

菜单   菜单   菜单   ·菜单， 菜单   关闭

图 9-30 两个图层的对象叠放

(10) 增加图层 3，在图层 3 上从第 1 帧起连续插入 6 个空白关键帧，并对应这 6 帧在"动作"面板中输入脚本代码：stop( )。在图层 1 和图层 2 的第 6 帧处插入帧。

(11) 选择第 2 帧，从库中拖出影片剪辑元件 4 的一个实例，放置在第 1 个一级菜单项目的下方，如图 9-31 所示。使用同样的方法处理后续的帧，拖出影片剪辑元件 4 的 4 个实例，对应放在其他一级菜单的下方，充当二级菜单。

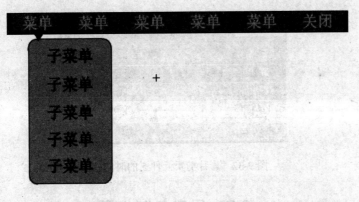

图 9-31　各级菜单的布局

(12) 选择一级菜单左边第 1 个菜单按钮，在"动作"面板中输入脚本代码：

```
on (rollOver) {
    gotoAndStop(2);
}
```

第 2 个菜单按钮的代码：

```
on (rollOver) {
    gotoAndStop(3);
}
```

第 3 个菜单按钮的代码：

```
on (rollOver) {
    gotoAndStop(4);
}
```

第 4 个菜单按钮的代码：

```
on (rollOver) {
    gotoAndStop(5);
}
```

第 5 个菜单按钮的代码：

```
on (rollOver) {
    gotoAndStop(6);
}
```

第 6 个关闭按钮的代码：

```
on (press) {
    gotoAndStop(1);
}
```

(13) 影片剪辑元件 5 的时间轴线编辑情况如图 9-32 所示。返回场景编辑环境，从库中拖出影片剪辑元件 5，放置在舞台的顶部，测试影片，使用鼠标操作菜单看看有什么效果出现。

下拉菜单在多媒体课件制作中作为交互式学习的导向，它与上面讲到的伸缩导航条一样，在使用时主场景要对这个下拉菜单的影片剪辑设置其级别为最大，否则调用的外部 SWF 文件就会覆盖住菜单了。使用设置的函数为：swapDepths。

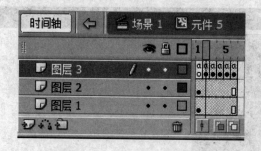

图 9-32　影片剪辑元件 5 的时间轴线

9.5　思考与制作题

(1) 简述键盘交互事件处理的各种方式。

(2) 简述分模块设计课件的内容组织之间的链接方法。

(3) 自行选题制作一个简单的多媒体课件，注意页面之间的链接。

第 10 章　Flash 多媒体课件制作综合实例

本章主要内容：

※ 资料工具型多媒体课件制作
※ 课堂演示型多媒体课件制作
※ 练习测验型多媒体课件制作
※ 模拟实验型多媒体课件制作
※ 教学游戏型多媒体课件制作

　　Flash 在多媒体开发领域里，备受创作者的青睐，由它创作出来的作品不计其数。课堂教学的演示动画现在到处都能看到 Flash 制作的动画身影。Flash 已经成为教育领域开发数字化教学资源的最有效的工具。在本章将介绍使用 Flash 开发多媒体课件类型里的资料工具型、课堂演示型、练习测验型、模拟实验型、教学游戏型等五种类型的课件的综合制作实例，以使读者更好地掌握 Flash 开发多媒体课件的方法要领。

10.1　资料工具型多媒体课件制作

10.1.1　资料工具型多媒体课件知识

　　资料工具型教学软件包括各种电子工具书、电子字典以及各类图形库、动画库、声音库等，这种类型的教学软件只提供某种教学功能或某类教学资料，并不反映具体的教学过程。这种类型的多媒体课件可供学生在课外进行资料查阅使用，也可根据教学需要事先选定有关片断，配合教师讲解，在课堂上进行辅助教学。资料咨询型课件是通过交互界面，以人机对话的形式让学生选取其要学习的内容或查询有关的资料。

　　教学视频点播系统、课件点播系统等是目前学校教学中使用比较频繁的工具，而且使用价值相当突出，不仅教师在课堂上可以使用，而且学生在课外时间也可以利用它来复习功课。

　　这里介绍利用 Flash 制作一个小型的教学视频点播系统工具，用于在校园中为教师和学生学习提供视频信息资料。

10.1.2　教学视频点播系统的视频格式选择

　　盛行的视频点播系统，以三大主流的流媒体视频格式为主，分别是 Real Networks 公司的 Real System、Microsoft 公司的 Windows Media Technology 和 Apple 公司的 QuickTime。它们使得 Internet 上的视频点播系统散发出璀璨的光芒，为娱乐和教学应用做出了极大的贡献。然而，这些流媒体已逐渐地退出了 Internet 的舞台，取而代之的是 FLV。当今网络中新兴的视频播客都采用了 FLV 流媒体格式，也就是 Flash 的压缩视频格式。

本示例中设计的教学视频点播系统，将选择 FLV 格式的流媒体视频文件。要建立一个视频点播系统首先就要准备有大量的视频资料，没有海量的视频资料算不上视频点播系统。现今的教学视频资料应该是数不胜数了，但是属于 FLV 格式的视频可能就不多了。不过不要紧，Flash Professional 8 提供了批量转换其他视频格式为 FLV 格式的工具。本书在第 7 章中已介绍过这个工具，这样一来，学校所备有的教学视频资料就可以利用 Flash Professional 8 提供的转换工具将它们转换为 FLV 格式的流媒体视频文件。

如果不想使用 Flash Professional 8 中提供的转换工具，也可以在网络中寻找别的工具。有关其他视频转换为 FLV 视频格式的工具也有不少。不过 Flash Professional 8 提供的工具就已经能满足我们的需要了。

10.1.3　教学视频点播系统分析

这个教学视频点播系统，不同于以前所讲的 Flash 动画，这里制作的教学视频点播系统是利用 Flash 开发一个纯 Flash 类的网站，不过没有那些商业中用 Flash 开发的网站那么复杂，用 Flash 开发一个视频点播面板和播放器就可以了。然后把生成的 SWF 文件嵌入 HTML 语言中再发布到网络上，这样一个 Flash 类型的教学视频点播系统就实现了。这样的教学视频点播系统没有用户注册，任何人都可以使用。要添加用户登录和注册功能，或者是更多的功能，读者学完后可自行参考修改。

整个点播系统的结构主要有两个：视频点播面板和播放器。点播面板做成伸缩式的面板，要点播视频时点击按钮拉出面板选择文件，就可以播放教学资料了。视频播放完之后再把面板关起，这样界面会显得灵活些。

由于视频点播系统所播放的文件要存放在硬盘或网络服务器中，在 Flash 里设计这样的点播系统，对所要播放的文件需要做一些规划，否则随意选择文件播放恐怕就不容易了。而且在大容量硬盘上存储的视频资料也不是随意堆积的，也是要按一定规矩来存储的。

Flash 中读取 Xml 文档有专门的类，里面提供有操作 Xml 文档数据的函数。不过要想熟练操作 Xml，还要花费一些学习时间，本书就不用 Xml 文档了，利用文本文件来记录硬盘存储的视频信息。Flash 中读取文本文件也很简单，这样我们的工作就可以减少很多麻烦。

先这样来安排硬盘上存储的视频文件：将所有转换为 FLV 格式的视频文件按类别分目录来存储，目录中不要再包含子目录；把视频文件的名称和所在目录记录在一个文本文件中，这个文本文件的信息格式如图 10-1 所示。

图中显示的内容，第一行是"s="，这是必须的，用它来充当变量，Flash 中有从外部文件装入变量数据的操作。紧接着下面的行的数据凡是以中括号开始的就是一个

图 10-1　视频文件记录文本文件

目录里存储的视频文件，中括号中的数据是目录名称。下面用逗号隔开的是视频文件的文件名，记住不要写上后缀名，因为点播系统使用视频文件后缀都为".flv"。视频文件名的数据一行写完，不要换行（因为程序能够正确读取出文件名来，读者可以自行修改后面讲的脚本程序以使这个文本文件的格式更灵活些）。最后一行以"[ ]"结束。注意里面的逗号用中文输入法中的逗号。

整个系统的工作过程为点播面板从文本文件中读取数据显示在点播面的列表框中。用户选择了某个视频文件后，点击播放器中的播放按钮，视频文件就开始播放了。播放器上有播放按钮、暂停按钮、停止按钮、播放进度条、音量控制条、播放时间。

10.1.4　教学点播系统的实现

1．建立系统所用的文件

(1) 按格式创建视频文件存储的文本文件，并保存为"list.txt"，和存放视频文件的目录同在一个目录里。

(2) 新建一个 Flash 影片文件，将舞台大小设为 800×600 像素，其他不变。保存文件，文件名为"vod.fla"，把这个文件保存到与保存视频文件在同一目录下。

2．系统点播面板制作

(1) 执行菜单"插入"→"新建元件"，选择为"按钮"，名称为"元件 1"，在编辑环境中，在"弹起"帧里利用绘图工具和文本工具，创建如图 10-2 所示的图形，文字带有发光效果，使用滤镜可以制作。

(2) 和步骤(1)相同，建立按钮"元件 2"，创建的图形如图 10-3 所示。

图 10-2　载入课程按钮　　　　　图 10-3　载入视频按钮

(3) 执行菜单"插入"→"新建元件"，选择为"影片剪辑"，名称为"元件 3"，在编辑环境中，在图层 1 中使用矩形工具绘制一个长圆角矩形，处在舞台中央，高为 377，宽为 161，填充颜色为湖蓝色。这个尺寸可以根据界面布局设定，按"Ctrl+F7"打开组件面板。从组件面板中拖出 combobox 和 list 组件放置在圆角矩形上，再分别用文本工具添加两个文本对象做标签。接着把按钮元件 1 和元件 2 拖出，布局如图 10-4 所示。combobox 组件的实例名称为"l_course"，list 组件的实例名称为"l_video"。选择 list 组件，打开"动作"面板，输入以下脚本代码：

```
on (change) {
_root.play_btn.onPress( );
_root.my_panel.gotoAndPlay(17);
}
```

(4) 添加图层 2，在图层 2 中使用"文本工具"绘制一个动态文本对象在面板的左边，在"属性"面板中设置实例名称为"st"，变量为 s。选择图层 2 第 1 帧，在"动作"面板中输入脚本代码：

```
var mystr:String=new String( );
var mysubstr:String=new String( );
var my_array:Array =new Array( );
System.useCodepage=true;
loadVariables("list.txt",st.text);
st._visible=false;
stop( );
```

图 10-4　点播面板

185

选择"载入课程"按钮，在"动作"面板中输入脚本代码：

```
on (press) {
    mystr=st.text;
    s1=0;
    l_course.removeAll( );
    while(mystr.indexOf("[",s1)!=-1){
        s1=mystr.indexOf("[",s1);
        k=mystr.indexOf("]",s1);
        n=k-s1;
        mysubstr=mystr.substr(s1+1,n-1);
        l_course.addItem(mysubstr);
        s1=k+1;
    }}
```

选择"载入视频"按钮，在"动作"面板中输入脚本代码：

```
on (press) {
    l_video.removeAll( );
    t1=0;
    t1=mystr.indexOf(l_course.text,t1);
    t1=mystr.indexOf("]",t1)+3;
    m=mystr.indexOf("[",t1);
    if(m==-1){m=mystr.length;}
    n=m-t1;
    mysubstr=mystr.substr(t1,n-2);
    my_array=mysubstr.split(",  ");
    for (var i = 0; i<my_array.length; i++) {
        l_video.addItem(my_array[i]);
    }}
```

(5) 新建一个按钮元件，命名为"元件 4"，在"弹起"帧中创建如图 10-5 所示的图形。

图 10-5　箭头按钮

(6) 新建一个影片剪辑，名称为"元件 5"，在舞台中央绘制一个圆角矩形，大小稍微比图 10-4 的圆角矩形大些，填充为灰色。

(7) 新建一个影片剪辑，名称为"元件 6"，在编辑环境中，从库中拖出"元件 3"，放置在紧挨中心位置，实例名为"panel"。添加图层 2，在图层 2 中从库中拖出"元件 4"，放置的位置紧挨图层 1 图形的右边，如图 10-6 所示。图中左边的虚框是"元件 3"中的动态文本对象。

(8) 增加图层 3，在里面拖出"元件 5"，放置的位置左边遮住箭头按钮，如图 10-7 所示，实例名称为"mask"。分别在图层 1 和图层 2 的第 15 帧处插入关键帧，图层 3 的第 30 帧处插入帧。把图层 1 和图层 2 第 15 帧中的对象向右水平移动，移动到图层 3 的对象完全覆盖为止。隐藏掉图层 3，再对图层 1 和图层 2 的第 16 帧插入关键帧。选择箭头按钮对象，执行"修改"→"变形"→"水平翻转"，将箭头按钮转为左向指向。分别选中图层 1 和图层 2 的第

1 帧，在"属性"面板中，设置补间为"动画"。对图层 1 和图层 2 的第 30 帧处插入关键帧，把这两帧中的对象再向左边水平移动，移回到第 1 帧时的位置。分别选择图层 1 和图层 2 的第 16 帧，在"属性"面板中设置补间为"动画"。

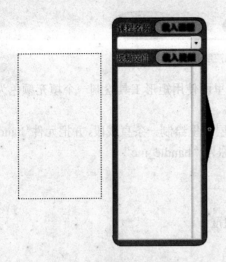

图 10-6　两个图层的布局

图 10-7　3 个图层的内容布局

(9) 把时间滑块停在第 1 帧，选中箭头按钮对象，在"动作"面板中输入脚本代码：

```
on (press) {
    gotoAndPlay(2);
}
```

把时间滑块停在第 16 帧，选中箭头按钮对象，在"动作"面板中输入脚本代码：

```
on (press) {
    gotoAndPlay(17);
}
```

(10) 添加图层 4，分别在第 1 帧、第 16 帧、第 30 帧插入空白关键帧。第 1 帧处的脚本代码为：

```
panel.setMask(mask);
stop( );
```

第 16 帧的脚本代码为：stop( );

第 30 帧的脚本代码为：gotoAndStop(1);

整个影片剪辑元件 6 的时间轴线编辑状态如图 10-8 所示。影片剪辑元件 6 就是点播系统的点播面板。在播放器制作好后，把它和播放器组合在一起就构成了一个视频点播系统。

图 10-8　元件 6 的时间轴线

3. 系统的播放器制作

(1) 新建 3 个按钮元件，分别取名为"元件 7"、"元件 8"、"元件 9"。这 3 个按钮是用来构造播放器的播放、暂停、停止功能，图形如图 10-9 所示。

图 10-9 播放器 3 个控制按钮

(2) 新建一个影片剪辑，取名为"handle"，在里面使用矩形工具绘制一个填充颜色为蓝色的小方块，用来充当进度滑块。

(3) 新建一个影片剪辑，取名为"progress"，在图层 1 里绘制一条直线段，并把元件"handle"从库中拖出，放置的状态如图 10-10 所示，实例名称为"handle_mc"。

图 10-10 播放进度条

添加图层 2，在第 1 帧中输入脚本代码：

```
handle_mc.onPress = function( ) {
    dragging = true;
    this.startDrag(false, 0, 0, 100, 0);
};
handle_mc.onRelease = handle_mc.onReleaseOutside = function ( ) {
    _parent.stream_ns.seek(_parent.totaltime / 100 * this._x);
    stopDrag( );
    dragging = false;
};
```

(4) 新建一个影片剪辑，取名为"sound"，在图层 1 里绘制一条直线段，并把元件"handle"从库中拖出，放置的状态如图 10-11 所示，实例名称为"handle_mc"。

图 10-11 音量控制条

添加图层 2，在第 1 帧中输入脚本代码：

```
handle_mc.onPress = function( ) {
    changingSound = true;
    this.startDrag(false, 0, 0, 100, 0);
};
handle_mc.onRelease = handle_mc.onReleaseOutside = function ( ) {
    stopDrag( );
    changingSound = false;
};
```

(5) 在库面板右上角的图标按钮处单击，在弹出的菜单中选择"新建视频"，按图 10-12 所示设置。

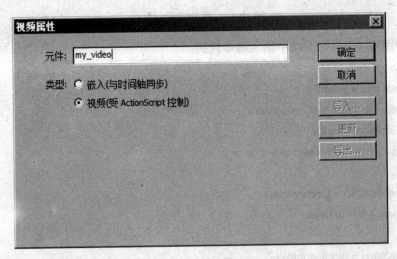

图 10-12　创建视频对象

(6) 返回场景编辑环境，在图层 1 中创建如图 10-13 所示的图形，用来当做播放器的底图。

图 10-13　播放器底图

(7) 添加图层 2，从库中拖出"元件 6"，实例名称为"my_panel"，放置的位置为面板部分在舞台的外部，以面板的右边缘线紧挨着舞台的左边缘线。

(8) 添加图层 3，从库中拖出"元件 7"、"元件 8"、"元件 9"、"progress"、"sound"，放置在舞台底部地方。并利用文本工具创建两个静态文本，一个动态文本，动态文本的实例名称为"time_s"，如图 10-14 所示。播放按钮的实例名称为"play_btn"，暂停按钮的实例名称为 pause_btn，停止按钮的实例名称为"stop_btn"，进度条的实例名称为"progress_mc"，音量控制条的实例名称为"sound_mc"。把视频元件拖出放在如图 10-13 所示的矩形区域中，调整大小，实例名称为"my_video"。

189

图 10-14 播放器控制面板

(9) 添加图层 4, 在第 1 帧中输入脚本代码:

```
my_panel.swapDepths(999);
var my_sound = new Sound( );
var connection_nc = new NetConnection( );
connection_nc.connect(null);
var stream_ns = new NetStream(connection_nc);
var totaltime;
stream_ns.onMetaData = function(info) {
        totaltime = info.duration;
};
stream_ns.onStatus = function(info) {
    if (info.code == "NetStream.Buffer.Full") {
        this.pause( );
        delete this.onStatus;
    }
};
my_video.attachVideo(stream_ns);
my_video.smoothing = true;
function checkTime(my_ns) {
        var ns_seconds = my_ns.time;
        var minutes = Math.floor(ns_seconds / 60);
        var seconds = Math.floor(ns_seconds % 60);
        if (seconds < 10) {
            seconds = "0" + seconds;
        }
        time_s.text= minutes + ":" + seconds;
        if (!progress_mc.dragging) {
            progress_mc.handle_mc._x = ns_seconds / totaltime * 100;
        }
        if (sound_mc.changingSound) {
            my_sound.setVolume(sound_mc.handle_mc._x);
        }
}
var time_interval = setInterval(checkTime, 200, stream_ns);
function changeVideo(flv) {
    stream_ns.close( );
```

```
        stream_ns.play(flv);
    }
    play_btn.onPress = function( ) {
changeVideo(my_panel.panel.l_course.text+"/"+my_panel.panel.l_video.getItemAt(my_panel.panel.l_video.selected
Index).label+".flv");
    };
    pause_btn.onPress = function( ) {
        stream_ns.pause( );
    };
    stop_btn.onPress = function( ) {
        stream_ns.seek(0);
        stream_ns.pause(true);
    };
```

  (10) 测试影片，如图 10-15 所示为点播系统界面。在界面上用鼠标左键点击左边的箭头按钮，拉出点播面板，先单击"载入课程"按钮载入课程名称在下拉列表框中，再选择课程，然后单击"载入视频"，某门课程的视频将显示在列表框中，接着从列表框中选择一个教学视频，单击播放按钮，一段教学视频将播放起来。

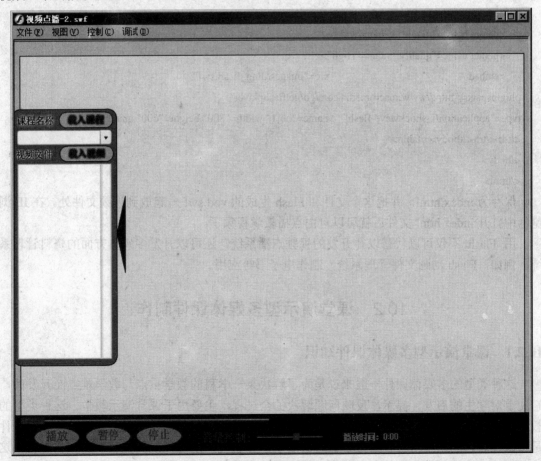

图 10-15　点播系统界面

10.1.5　教学点播系统发布

上面所完成的是一个 Flash 教学点播系统应用程序，然而为能够将其发布到网络中，通过浏览器来点播教学视频，还要把这个 Flash 生成的 SWF 文件嵌入到 HTML 语言中。这工作很简单，打开 Windows 中的记事本软件，在其中输入 HTML 代码：

```
<html>
<head>
<title>教学视频点播系统</title>
</head>
<body>
<table cellSpacing=0 cellPadding=0 width=748 align=center border=1>
<tbody>
<tr>
<td>
<p align="center">
<object classid="clsid:D27CDB6E-AE6D-11CF-96B8-444553540000" id="obj1"
codebase="http://download.macromedia.com/pub/shockwave/cabs/flash/swflash.cab#version=6,0,40,0"
border="0" width="800" height="600">
    <param name="movie" value="vod.swf">
    <param name="quality" value="High">
    <embed                          src="images/ding_flash.swf"
pluginspage="http://www.macromedia.com/go/getflashplayer"
type="application/x-shockwave-flash"    name="obj1" width="800" height="600" quality="High"></object>
</td></tr></tbody></table>
</body>
</html>
```

保存为 index.html，并把这个文件和 Flash 生成的 vod.swf 一起放到视频文件处。在 IE 浏览器中打开 index.html 文件后就可以自由点播教学视频了。

用 Flash 不仅可以代替以往开发的视频点播系统，还可以开发多媒体方面的资料管理系统，例如，Flash 动画文件管理系统、制作电子书等应用。

10.2　课堂演示型多媒体课件制作

10.2.1　课堂演示型多媒体课件知识

这种类型的多媒体课件一般来说是为了解决某一学科的教学重点与教学难点而开发的，它注重对学生的启发、提示，反映问题解决的全过程，主要用于课堂演示教学。这种类型的教学软件要求画面要直观，尺寸比例较大，能按教学思路逐步深入地呈现。课堂演示型课件是将课件表达的教学内容在课堂讲课时做演示，并与教师的讲授或其他教学媒体相配合。这种类型课件一般与学生间无直接交互作用。

这种类型的课件要求有大屏幕显示器或高亮度投影仪等硬件设备，开发时是以教师的教学流程为设计原则，应充分表现教师的教学思想，也要考虑课堂演示时的环境因素对演示效果的影响，选择可突出主题的屏幕显示属性。同时也要求使用课堂演示型课件的教师对课件内容有深入的了解。

此处讲解利用 Flash 制作中学物理中简谐运动的实验现象演示动画课件。

10.2.2 课件制作稿本

整个课件用于辅助教师课堂讲授简谐运动的规律，只要求显示简谐运动的图像和提供实验拍摄的教学资料录像。课件只有一个页面，其信息布局情况如表 10-1 所列。

表 10-1 页面设计

多媒体课件名称			简 谐 运 动			
页面名	主页面	文件名	简谐运动	编号	1
交互画面 画面上显示主标题，有两个按钮，一个"动画"按钮，一个"实验"按钮。"动画"按钮链接简谐运动的演示动画，"实验"按钮链接实验录像资料				配音	
链接结构方式： (1) 主页面文件，直接显示； (2) 通过当前页面"动画"按钮交互方式，键出简谐运动动画； (3) 通过"动画"按钮交互方式，键出实验录像资料				媒体呈现方式： 所有媒体直接显示	

10.2.3 课件制作实现过程

(1) 新建一个 Flash 影片文档，舞台大小设置为 550×500 像素，背景颜色为#CCFFFF。

(2) 新建一个图形元件，名称为"元件 1"，创建如图 10-16 所示的图形。正弦波的绘制方法在前面绘图操作中介绍过。

(3) 新建一个图形元件，名称为"元件 2"，创建如图 10-17 所示的图形，当做单摆的吊垂漏斗。

(4) 新建一影片剪辑元件，名称为"元件 3"，在编辑环境中，把图形元件 1 从库中拖出，放置在图层 1 中。增加图层 2，利用直线工具在图层 2 中绘制一条垂直线段，绘制的线段和图层 1 的图形的位置关系如图 10-18 所示。选中线段将其转换为图形元件 4。

图 10-16 正弦波图形

图 10-17 吊垂漏斗

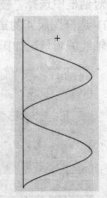

图 10-18 直线段和正弦波

193

(5) 增加图层 3，在图层 3 中，选择"矩形工具"，笔触设为无色，填充颜色设为灰色，绘制一个矩形图形，矩形图形和图层 1 及图层 2 的图形位置关系如图 10-19 所示。选中矩形图形将其转换为图形元件 5。

(6) 增加图层 4，把吊垂图形元件 2 拖出放在图层 4 中，并使用"任意变形工具"对其进行旋转，旋转的中心点移至上方，在"变形"面板中设置旋转角度为 22 度。4 个图层的图形关系如图 10-20 所示。

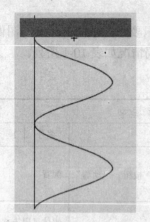
图 10-19　3 个图层的图形位置关系

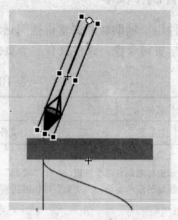
图 10-20　吊垂的位置

(7) 分别对图层 4、图层 3、图层 2 在第 15 帧处插入关键帧，选中图层 4 第 15 帧，在"变形"面板中设置旋转为−21 度。选中图层 3 第 15 帧，利用"任意变形工具"，按住"Alt"键，把矩形图形向下拉伸至盖住正弦波的右边第一个波峰。选中图层 2，把直线段移至右边与正弦波波峰对齐。分别从第 1 帧，在"属性"面板中设置补间为"动画"。

(8) 分别对图层 4、图层 3、图层 2 在第 30 帧处插入关键帧，选中图层 4 第 15 帧，在"变形"面板中设置旋转为 22 度。选中图层 3 第 15 帧，利用"任意变形工具"，按住"Alt"键，把矩形图形向下拉伸至盖住正弦波的左边第一个波峰。选中图层 2，把直线段移至左边和正弦波波峰对齐。分别从第 15 帧，在"属性"面板中设置补间为"动画"。

(9) 如此往返步骤(7)和步骤(8)创建第 45 帧和第 60 帧的关键帧，从第 30 帧和第 45 帧设置补间动画。

(10) 选择图层 3，将其设置为遮罩层。在图层 1 上单击鼠标右键，选择"属性"，在图层属性对话框中选择"被遮罩"选项，接着把图层 1 锁定。

(11) 选择图层 4 的第 60 帧，在"动作"面板中输入脚本代码：stop( )。影片剪辑元件 3 的时间轴线编辑情况如图 10-21 所示。

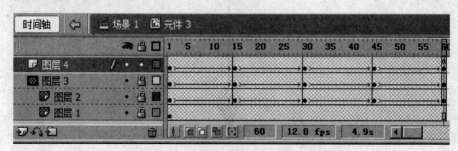
图 10-21　影片剪辑元件 3 的时间轴线

(12) 创建两个按钮元件，使用的图形如图 10-22 所示。

图 10-22 两个按钮元件的图形

(13) 返回主场景，在图层 1 中放置步骤 12)创建的按钮，利用"文本工具"创建课件标题"简谐运动演示动画"，布局如图 10-23 所示。

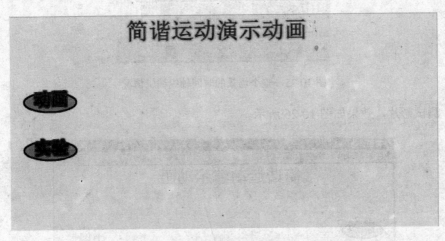

图 10-23 主场景布局

(14) 增加图层 2，在第 1 帧中，加入脚本代码：stop( )。在第 2 帧插入关键帧，从库中拖出影片剪辑元件 3 放置在第 2 帧中，位置在标题文字的下方。在第 2 帧中也设置脚本代码：stop( )。

(15) 增加图层 3，在第 3 帧处插入关键帧，打开"组件"面板，拖出"FLVPlayback"组件，放在第 3 帧中，位置位于舞台中央。打开"参数"面板，为 FLV 播放器组件指定预先准备好的 FLV 视频文件，如图 10-24 所示。选中第 3 帧，在"动作"面板中输入脚本代码：stop( )。

▼ 滤镜 参数 属性		
组件 〈实例名称〉	autoPlay	true
	autoRewind	true
	autoSize	false
	bufferTime	0.1
宽：320.0 X：139.2	contentPath	简谐运动实验.flv
高：240.0 Y：118.3	cuePoints	无
	isLive	false

图 10-24 预先准备好的 FLV 视频文件

(16) 在图层 1 的第 3 帧处插入帧。选择"动画"按钮，在"动作"面板中输入脚本代码：

```
on (press) {
    gotoAndPlay(2);
}
```

选择"实验"按钮，在"动作"面板中输入脚本代码：

```
on (press) {
```

```
    gotoAndPlay(3);
}
```

整个场景的时间轴线编辑情况如图 10-25 所示。

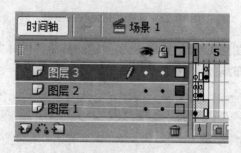

图 10-25 整个场景的时间轴线编辑情况

(17) 测试影片，效果如图 10-26 所示。

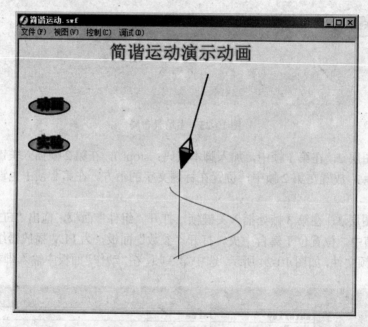

图 10-26 简谐运动演示效果

10.3 练习测验型多媒体课件制作

10.3.1 练习测验型多媒体课件知识

这种类型的多媒体课件主要是通过问题的形式来训练、强化学生某方面的知识和能力。这种类型的教学软件在设计时要保证具有一定比例的知识点覆盖率，以便全面地训练和考核学生的能力水平。另外，考核目标要分为不同等级，逐级上升，根据每级目标设计题目的难易程度。练习复习型课件是利用计算机给学生提供练习的机会(刺激)，在学生作出回答(反应)后，由计算机判断其正误。答错了给予提供进一步的教学措施或再次练习的机会；答对了则给予鼓励(增强)，然后进一步练习。

练习复习型课件常用于复习某种规律性的知识，也可用于检测学生的学习情况或作为学生的学习效果自我评价，进而调节学习进度和内容，巩固新学的知识。这种类型课件的教学效果取决于人机交互作用的程度。练习的类型、数量和难易程度应按教学策略决定。实现练习复习型课件需建立一个相当规模的习题库，并可依实际教学内容采取随机取题、按类取题、排队取题和按难度取题等取题方法。

练习测验型课件是为学生提供练习和巩固所学知识的教学软件。制作练习测验型多媒体课件主要是把握好题库设计和根据题库呈现练习题的计算机算法程序，有顺序出题、随机出题等。利用计算机来进行测验或强化知识训练，一般都只能采用客观题，像选择题、判断题、匹配题等题型。

网络为学生提供了极好的学习环境，网络在线的试题练习或测试也是现今强化学习或考核的新方式。试题通过网络发布，学生可以自由进行练习和测验。在此介绍利用 Flash 制作一个选择题题型的网络在线练习系统。

10.3.2　系统分析

网络在线练习系统，为学生提供多套练习测试题，由学生自行选择作答，是一种通过对学生所学知识的强化训练。这里只提供选择题类型的题型。整个系统包含两部分功能：建构题库和计算机呈现题目内容算法程序。

操作界面设计要求：

(1) 系统可以为学生提供多套练习试题，由列表框提供试题册选择；

(2) 每套试题册包含的试题，在选择了试题册后将全部列出在对应的列表框中；

(3) 试题列表框中的试题可由学生自由选择，选了哪一道题就呈现这道题的内容和选项，以供学生练习，这可以由学生随机点击试题进行训练，不需要计算机按固定方式呈现试题；

(4) 提供有前一题和后一题的选择功能，方便连续做题；

(5) 为了保持界面的有效空间更大些，试题选择部分界面做成伸缩式；

(6) 答题过程有判断信息显示。

10.3.3　题库设计

为方便以后更好地更新和维护试题，系统所用的试题存储在一个外部文本文件里，充当题库，这里不使用数据库来构建题库。利用文本文件来构建网络在线练习系统的题库，添加新题或维护也都很方便。作为一种简便型的网络在线练习系统，在开发上可节省很多时间。

整个题库里数据格式安排要求如下：

(1) 文本文件里以"s="开头，换行独占一行；

(2) 第二行起是试题内容，以"[　]"括住的内容为试题册名称，如计算机模拟试题一、英语四级模拟一等，独占一行；

(3) "[　]"后续是某试题册的试题内容，试题以"#"开始，一行写完也可换行，试题的选项以"选项:"开始，最多设四个，每项之间用分号隔开，一行写完，正确答案另起一行，以"答案:"开始。

(4) 文本文件的结尾以"[　]"结束。

(5) 所使用的标点符号一律是汉字输入法下的编码，数字用半角，录入数据紧凑安排，避

197

免有空格或其他非要求符号。

上面所要求的题库格式，如图 10-27 所示为示范。这些和 10.1 节中设计的视频点播系统所用的方法如出一辙。

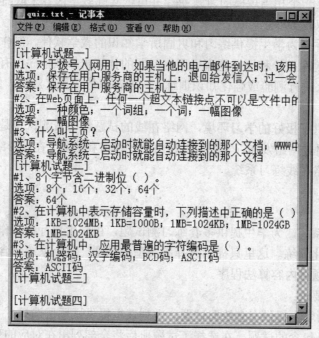

图 10-27　题库格式范例

10.3.4　实现过程

1．建立系统文件

(1) 按格式创建试题库，打开记事本工具，在其中输入试题，如图 10-27 所示，保存文件为"quiz.txt"。建立一个目录存放好，目录自行取名。

(2) 新建 Flash 影片文档，并保存为"quiz.fla"。舞台大小设为 700×600 像素，背景为白色。

2．试题选择面板制作

本例和前面的教学视频点播系统在界面上有相似之处，选择试题册和作答试题时，面板是可以伸缩的。这里对伸缩式面板就不重复介绍了。直接把 10.1 节例中做好的影片剪辑元件 6 复制粘贴到当前 Flash 影片文档的库中，只是稍微修改一些对象或帧的脚本代码即可。脚本代码修改操作如下：

(1) 从库中双击影片剪辑元件 3，将进入编辑环境，把"载入课程"和"载入视频"两个按钮的文字改为"载入套题"和"载入题目"；

(2) 选择图层 2 第 1 帧，打开"动作"面板，用下面的脚本替换掉原来的代码：

```
var mystr:String=new String( );

var mysubstr:String=new String( );

var str:String=new String( );

System.useCodepage=true;
```

198

```
loadVariables("quiz.txt",st.text);
st._visible=false;
stop( );
```

选择"载入套题"按钮，在"动作"面板中用下面的代码替换：

```
on (press) {
mystr=st.text;
s1=0;
l_course.removeAll( );
while(mystr.indexOf("[",s1)!=-1){
  s1=mystr.indexOf("[",s1);
  k=mystr.indexOf("]",s1);
  n=k-s1;
  mysubstr=mystr.substr(s1+1,n-1);
  l_course.addItem(mysubstr);
  s1=k+1;
}}
```

选择"载入题目"按钮，在"动作"面板中用下面的代码替换：

```
on (press) {
  l_video.removeAll( );
  t1=0;
  t1=mystr.indexOf(l_course.text,t1);
  t1=mystr.indexOf("]",t1)+3;
  m=mystr.indexOf("[",t1);
  n=m-t1;
  mysubstr=mystr.substr(t1,n-2);
  var my_array:Array = mysubstr.split("#");
  for (var i = 1; i<my_array.length; i++) {
   str=my_array[i];
   l_video.addItem("题目"+i);
  }
}
```

选择"list 组件"，在"动作"面板中用下面的代码替换：

```
on (change) {
  _root.exec( );
  _root.mypanel.gotoAndPlay(17);
}
```

原来的教学视频点播面板就成了试题选择面板了。

3. 试题呈现界面制作

(1) 返回场景编辑环境，建立两个按钮元件，分别命名为"元件 7"和"元件 8"，这两按钮用来做连续选择试题"上一题"和"下一题"，如图 10-28 所示。

(2) 再分别创建 4 个按钮元件，分别命名为"A"、"B"、"C"、"D"，这 4 个按钮用来和选择题的 4 个选项对应。按钮的图形形状如图 10-29 所示。

图 10-28　选择按钮　　　　　　　　　　　　图 10-29　4 个选项按钮

(3) 在主场景的图层 1 中创建两个静态文本和六个动态文本。两个静态文本的文字为"选择题题目"和"网络在线练习系统"，其中"网络在线练习系统"设置发光滤镜效果。6 个动态文本对象中有 4 个用来显示选择题的 4 个选项，实例名称为"A"、"B"、"C"、"D"，一个动态文本用来显示选择题的题干内容，实例名称为 sc，第 6 个动态文本用来显示答题的判断信息，实例名称为"correct"。连同步骤(1)和步骤(2)所制作的按钮一起放置在界面上，布局如图 10-30 所示。4 个选项按钮的实例名称为"a_btn"、"b_btn"、"c_btn"、"d_btn"。"上一题"和"下一题"按钮的实例名称为"prev_btn"和"next_btn"。

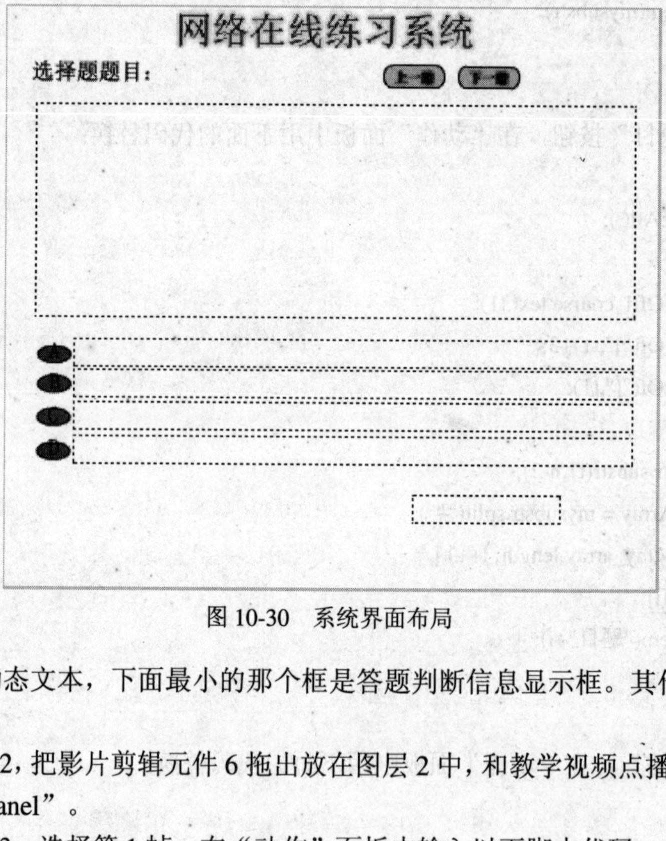

图 10-30　系统界面布局

虚线框就是动态文本，下面最小的那个框是答题判断信息显示框。其他的动态文本注意排放位置。

(4) 增加图层 2，把影片剪辑元件 6 拖出放在图层 2 中，和教学视频点播系统中放置一致，实例名称为"mypanel"。

(5) 增加图层 3，选择第 1 帧，在"动作"面板中输入以下脚本代码：

```
_global.sum=0;
var cstr:String=new String( );
var mul_array:Array=new Array( );
function exec( ){
if(_root.mypanel.panel.l_video.selectedIndex<0){
    _root.sc.text="没有选择题目！";
```

200

```
    }else{
        _global.sum=_root.mypanel.panel.l_video.selectedIndex+1;
        cstr=_root.mypanel.panel.my_array[_global.sum];
        ip=cstr.indexOf("选",0);
        _root.sc.text=cstr.substr(0,ip);
        var anstr:String=new String;
        ip=cstr.indexOf("选项：",ip-1);
        anstr=cstr.substr(ip+3,cstr.indexOf(chr(13),ip)-ip-3);
        mul_array=anstr.split("；");
        A.text=mul_array[0];
        B.text=mul_array[1];
        C.text=mul_array[2];
        D.text=mul_array[3];
        ip=cstr.indexOf("答案：",ip);
        h=cstr.indexOf(chr(13),ip);
        if(h!=-1){
            mul_array[mul_array.length]=cstr.substr(ip+3,h-ip-3);}
          else{mul_array[mul_array.length]=cstr.substr(ip+3,cstr.length);}
        correct.text="";
        }
}
prev_btn.onPress=function( ){
    _root.mypanel.panel.l_video.selectedIndex-=1;
    exec( );
}
next_btn.onPress=function( ){
    _root.mypanel.panel.l_video.selectedIndex+=1;
    exec( );
}
a_btn.onPress=function( ){
if(A.text==mul_array[4]){
    correct.text="答题正确！";
}else{correct.text="答题错误！";}
}
b_btn.onPress=function( ){
if(B.text==mul_array[4]){
    correct.text="答题正确！";
}else{correct.text="答题错误！";}
}
c_btn.onPress=function( ){
```

```
if(C.text==mul_array[4]){
  correct.text="答题正确！";
}else{correct.text="答题错误！";}
}
d_btn.onPress=function( ){
if(D.text==mul_array[4]){
  correct.text="答题正确！";
}else{correct.text="答题错误！";}
}
stop( );
```

4. 测试影片

在操作界面上随意选择一套试题，就可以练习了。

10.3.5　发布系统到网络

将上面完成的 Flash 影片发布到网络中，通过浏览器来执行，学生就可以在浏览器中随意强化练习了。对于教师而言，教师可以随时修改试题库文本文件中的试题内容，而且极其方便。把这个 Flash 生成的 SWF 文件嵌入到 HTML 语言中。打开 Windows 中的记事本软件，在其中输入 HTML 代码：

```
<html>
<head>
<title>网络在线练习系统</title>
</head>
<body>
<table cellSpacing=0 cellPadding=0 width=748 align=center border=1>
<tbody>
<tr>
<td>
<p align="center">
<object classid="clsid:D27CDB6E-AE6D-11CF-96B8-444553540000" id="obj1"
codebase="http://download.macromedia.com/pub/shockwave/cabs/flash/swflash.cab#version=6,0,40,0"
border="0" width="800" height="600">
    <param name="movie" value="quiz.swf">
    <param name="quality" value="High">
    <embed                        src="images/ding_flash.swf"
pluginspage="http://www.macromedia.com/go/getflashplayer"
type="application/x-shockwave-flash"    name="obj1" width="800" height="600" quality="High"></object>
</td></tr></tbody></table>
</body>
</html>
```

保存为 index.html，并把这个文件和 Flash 生成的 quiz.swf 及试题库文本文件 quiz.txt 放在一起。在 IE 浏览器中打开 index.html 文件后就可以选择试题册进行练习了。

10.4　模拟实验型多媒体课件制作

10.4.1　模拟实验型多媒体课件知识

这种类型的多媒体课件借助计算机仿真技术，提供可更改参数的指标项，当学生输入不同的参数时，能随时真实模拟对象的状态和特征，供学生进行模拟实验或探究发现学习使用。模拟仿真型课件是用计算机来表达不易观察、不易再现或有危险的现象。如人体的各系统的机理、各种超微结构的变化等。

模拟仿真型课件常分为操作模拟、状态模拟和信息模拟三类。这类课件开发时内容模拟的真实性是提高其质量的关键。这类课件在表达医学教育内容时，最常用的是计算机动画、数字音频和数字视频等多媒体技术。其中动画、视频的播放在拟真时应做到实时播放，并要求声画同步等。同时依据教学策略，还应进一步提供交互性播放。

物理、化学等学科中的很多实验内容也能够借助计算机模拟的课件取得和实物实验一样的效果。特别有些实验需要小心对待的，预先经过计算机的模拟操作，这样在实物实验中就能减少事故，并且操作要领会掌握得很准确。不过模拟实物实验的计算机软件开发，需要很高的计算机技术，至少计算机编程的技术一定要相当过硬，否则模拟仿真的效果就不理想了。仿真得越逼真就越有使用价值。

下面利用 Flash 来开发一个简单的化学实验器具组装的计算机模拟实验课件。

10.4.2　课件结构分析

此课件要完成模拟初中化学实验中对一些常用器具操作，像铁架台、酒精灯、试管、烧杯等器具在实验中正确的操作，以组合出所要的实验装置。这里是化学实验室中制作蒸馏水实验的器具组装。

针对这样的内容，课件中主要的技术就是鼠标拖放器具图片的操作，主要的交互方式就是 Flash 中的鼠标拖放操作的交互方式。之前第 9 章的 9.3.1 小节讲的鼠标交互的拖放交互操作，就可以在这里充分利用起来了，并且此例就是完全由鼠标的拖放来完成的。

整个课件由 3 页组成，各页面的信息情况将用 3 个页面表格列出，如表 10-2、表 10-3、表 10-4 所列。

表 10-2　第一个页面设计

多媒体课件名称		化学实验仪器组装计算机模拟课件			
页面名	主页面	文件名	实验模拟	编号	1
交互画面　　画面上显示主标题，有两个按钮，一个"实验现象"按钮，一个"组装仪器"按钮。两个按钮在页面的左侧，中间显示实验装置图和相关实验文字				配音	
链接结构方式： (1) 主页面文件，直接显示； (2) "实验现象"按钮交互方式，键出页面 2； (3) "组装仪器"按钮交互方式，键出页面 3				媒体呈现方式： 所有媒体直接显示	

表 10-3 第二个页面设计

多媒体课件名称			化学实验仪器组装计算机模拟课件			
页面名	实验现象	文件名		实验模拟	编号	2
交互画面 　　画面上显示主标题，有两个按钮，一个"实验现象"按钮，一个"组装仪器"按钮。两个按钮在页面的左侧，中间显示实验现象的演示动画					配音	
链接结构方式： (1)该页面直接显示； (2)"组装仪器"按钮交互方式，键出页面 3					媒体呈现方式： 所有媒体直接显示	

表 10-4 第三个页面设计

多媒体课件名称			化学实验仪器组装计算机模拟课件			
页面名	实验现象	文件名		实验模拟	编号	3
交互画面 　　画面上显示主标题，有两个按钮，一个"实验现象"按钮，一个"组装仪器"按钮。两个按钮在页面的左侧，中间显示实验仪器和实验台，提供实验器具能接受鼠标拖放操作					配音	
链接结构方式： (1)该页面直接显示； (2)"实验现象"按钮交互方式，键出页面 2					媒体呈现方式： 所有媒体直接显示	

10.4.3 实现过程

1. 创建新的 Flash 影片文档

在 Flash 开发环境中，新建一个 Flash 影片文档，舞台大小设置为 800×600 像素，背景色为#FFFFCC。

2. 创建 6 个实验器具的影片剪辑元件

分别创建 6 个影片剪辑，每一个影片剪辑中绘制一个实验器具的图形，这些实验仪器如图 10-31 所示。

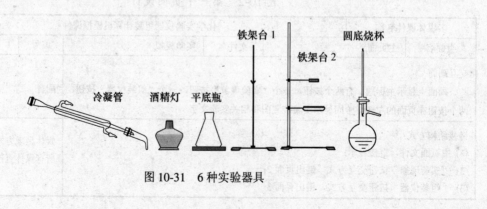

图 10-31　6 种实验器具

影片剪辑元件的名称分别为"冷凝管"、"酒精灯"、"平底瓶"、"铁架台 1"、"铁架台 2"、"圆底烧杯"。

3. 创建 6 个按钮元件

分别利用第 2 步中创建好的 6 个实验器具影片剪辑元件来制作 6 个按钮，6 个按钮元件的名称为"btn_冷凝管"、"btn_酒精灯"、"btn_平底瓶"、"btn_铁架台 1"、"btn_铁架台 2"、"btn_圆底烧杯"。这里具体介绍冷凝管按钮元件，其他的以此类推。

(1) 执行菜单"插入"→"新建元件"，选择为按钮，名称为"btn_冷凝管"。

(2) 在"弹起帧"中从库中拖出冷凝管影片剪辑，调整在中央位置。

(3) 把"弹起帧"复制粘贴到"指针经过帧"，并且利用"椭圆工具"和"文本工具"制作如图 10-32 所示的图形在冷凝管右侧。

其他的 5 个按钮按照上面 3 步制作，只是按钮元件名称和图形要对应。

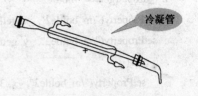

图 10-32　指针经过帧图形

4. 创建 6 个影片剪辑元件

再利用上面的 6 个按钮元件创建 6 个影片剪辑元件，影片剪辑元件的名称为"m_冷凝管"、"m_酒精灯"、"m_平底瓶"、"m_铁架台 1"、"m_铁架台 2"、"m_圆底烧杯"。每个影片剪辑元件中对应放置上面创建的按钮元件，并给按钮元件输入事件脚本代码。

btn_冷凝管按钮的脚本代码为：

```
on (press)
{ startDrag ("/m_cooltipe", false);}
on (release)
{ stopDrag ( );
    if (_droptarget == "/tipe")
    { setProperty("/m_cooltipe", _x, getProperty("/tipe", _x));
      setProperty("/m_cooltipe", _y, getProperty("/tipe", _y));
    } else{
        setProperty("/m_cooltipe", _x, 200);
        setProperty("/m_cooltipe", _y, 525);
    }}
```

"btn_酒精灯"按钮的脚本代码为：

```
on (press)
{startDrag ("/m_alcohol", true);}
on (release) {
    stopDrag ( );
    if (_droptarget == "/light") {
        setProperty("/m_alcohol", _x, getProperty("/light", _x));
        setProperty("/m_alcohol", _y, getProperty("/light", _y));
    } else {
        setProperty("/m_alcohol", _x, 65);
```

205

```
        setProperty("/m_alcohol", _y, 550);
    }}
    "btn_平底瓶"按钮的脚本代码为:
on (press)
{startDrag ("/m_bottle2", false);}
on (release)
{stopDrag ( );
  if (_droptarget == "/bottle2")
  {setProperty("/m_bottle2", _x, getProperty("/bottle2", _x));
   setProperty("/m_bottle2", _y, getProperty("/bottle2", _y));
   } else{
      setProperty("/m_bottle2", _x, 360);
      setProperty("/m_bottle2", _y, 560);
  }}
    "btn_铁架台1"按钮的脚本代码为:
on (press)
{startDrag ("/m_tie2", true);}
on (release)
{stopDrag ( );
  if (_droptarget eq "/j2")
  {setProperty("/m_tie2", _x, getProperty("/j2", _x));
   setProperty("/m_tie2", _y, getProperty("/j2", _y));
   }else{
   setProperty("/m_tie2", _x, 560);
   setProperty("/m_tie2", _y, 515);
  }}
    "btn_铁架台2"按钮的脚本代码:
on (press)
{startDrag ("/m_tie1", false);}
on (release) {
    stopDrag ( );
    if (_droptarget eq "/j1") {
        setProperty("/m_tie1", _x, getProperty("/j1", _x));
        setProperty("/m_tie1", _y, getProperty("/j1", _y));
    } else {
        setProperty("/m_tie1", _x, 450);
        setProperty("/m_tie1", _y, 500);
    }}
    "btn_圆底烧杯"按钮的脚本代码为:
on (press)
```

206

```
{startDrag ("/m_bottle1", true);}
on (release)
{stopDrag ( );
 if (_droptarget eq "/bottle1"){
    setProperty("/m_bottle1", _x, getProperty("/bottle1", _x));
    setProperty("/m_bottle1", _y, getProperty("/bottle1", _y));
    }else{
    setProperty("/m_bottle1", _x, 660);
    setProperty("/m_bottle1", _y, 520);
    }} on (press)
{startDrag ("/m_bottle1", true);}
on (release)
{stopDrag ( );
 if (_droptarget eq "/bottle1"){
    setProperty("/m_bottle1", _x, getProperty("/bottle1", _x));
    setProperty("/m_bottle1", _y, getProperty("/bottle1", _y));
    }else{
    setProperty("/m_bottle1", _x, 660);
    setProperty("/m_bottle1", _y, 520);
    }}
```

5. 制作火焰影片剪辑元件

实验现象中需要酒精灯的火焰燃烧动画，将其制作一个影片剪辑元件，名称为"火焰"。利用逐帧动画技术制作，包含 3 个关键帧，所对应的 3 帧图形如图 10-33 所示。

6. 制作水滴动画的影片剪辑元件

实验现象中制出蒸馏水，在冷凝管的一端滴出，将水滴动画制作成一个影片剪辑元件，名称为"水滴"。

7. 制作液体加热沸腾的冒泡动画影片剪辑元件

液体在加热到沸腾状态时会发出气泡，将其制作成一个影片剪辑，名称为"水泡"。利用逐帧技术制作，包含 3 帧关键帧，所对应的图形如图 10-34 所示。

图 10-33　火焰的 3 帧图形

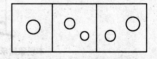

图 10-34　水泡动画图形

8. 创建主页面上的两个交互按钮元件

建立两个按钮元件用于主页上进行交互显示课件中的其他两个页面，按钮的名称为"元件 1"和"元件 2"，所用图形如图 10-35 所示。

9. 创建实验台影片剪辑元件

实验使用的实验台，将其制作成一个影片剪辑元件，利用绘图工具绘制如图 10-36 所示的图形。

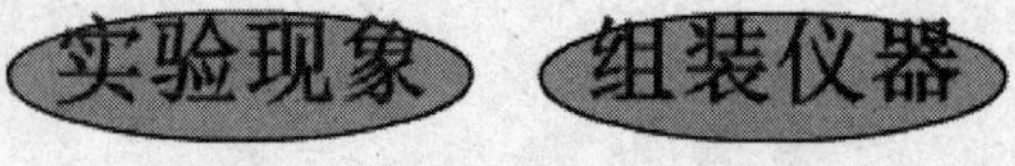

 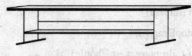

图 10-35　两个主页交互按钮图形　　　　　　　图 10-36　实验台图形

10. 返回主场景进行各个元件组合编辑成课件

(1) 在图层 1 中，放置上面建立的两个按钮元件，再利用"文本工具"创建一个标题文本对象，如图 10-37 所示。

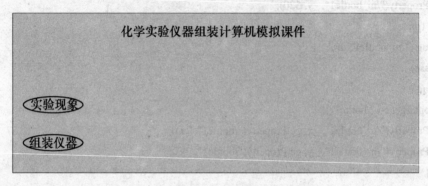

图 10-37　图层 1 的对象和布局

(2) 增加图层 2，在图层 2 中把库中的影片剪辑元件(冷凝管、平底瓶、铁架台 1、铁架台 2、酒精灯、圆底烧杯、实验台)拖出到舞台上并摆成如图 10-38 所示的位置，再利用"文本工具"创建的文本对象，用来说明实验。

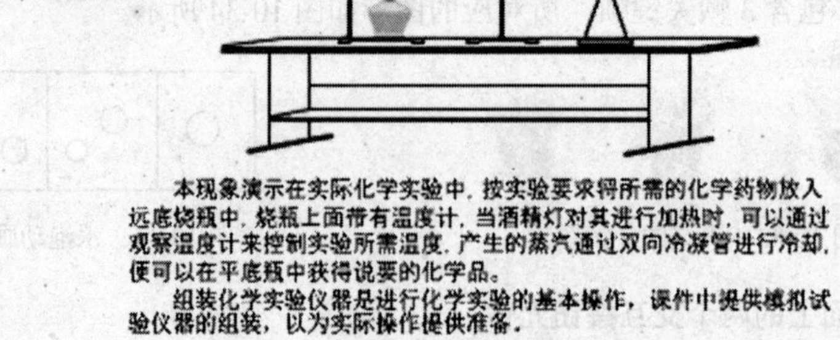

化学实验仪器组装计算机模拟课件

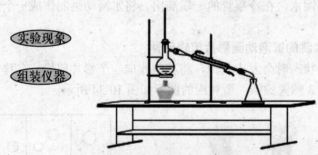

本现象演示在实际化学实验中，按实验要求得所需的化学药物放入远底烧瓶中，烧瓶上面带有温度计，当酒精灯对其进行加热时，可以通过观察温度计来控制实验所需温度，产生的蒸汽通过双向冷凝管进行冷却，便可以在平底瓶中获得说要的化学品。

组装化学实验仪器是进行化学实验的基本操作，课件中提供模拟试验仪器的组装，以为实际操作的提供准备。

图 10-38　主页设计

(3) 增加图层 3、图层 4、图层 5。在图层 1 的第 3 帧处插入帧。选中图层 3 的第 1 帧，在"动作"面板中输入脚本：stop( )，在第 2 阵处插入空白关键帧，在其中实现现象动画组合，就是把器具影片剪辑和火焰、水滴、水泡等影片剪辑拖出在舞台上组合成实验演示动画。

208

(4) 在图层 4 的第 3 帧处插入空白关键帧，然后在这一帧中把库中的影片剪辑元件(m_冷凝管、m_酒精灯、m_平底瓶、m_铁架台 1、m_铁架台 2、m_圆底烧杯、冷凝管、酒精灯、平底瓶、铁架台 1、铁架台 2、圆底烧杯、实验台拖出到舞台上。前 12 个影片剪辑元件的实例名称依次为"m_cooltipe"、"m_alcohol"、"m_bottle1"、"m_tie1"、"m_tie2"、"m_bottle2"、"tipe"、"light"、"bottle2"、"j2"、"j2"、"bottle2"。按如图 10-39 所示的位置组合起来。

化学实验仪器组装计算机模拟课件

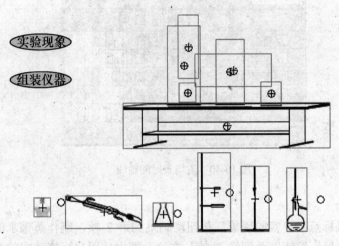

图 10-39　图层 4 第 3 帧中的图形

图中实验台下的是以 "m" 开头的影片剪辑，实验台上的是用器具命名的影片剪辑。实验台上的影片剪辑按实验装置组合好后，再逐个选择，在"属性"面板中，设置颜色选项为"alpha"，值为 "0%"。选中图层 4 第 3 帧，在 "动作" 面板中输入脚本代码：

```
setProperty("/m_alcohol", _x, 65);
setProperty("/m_alcohol", _y, 550);
setProperty("/m_cooltipe", _x, 200);
setProperty("/m_cooltipe", _y, 525);
setProperty("/m_bottle2", _x, 360);
setProperty("/m_bottle2", _y, 560);
setProperty("/m_tie1", _x, 450);
setProperty("/m_tie1", _y, 500);
setProperty("/m_tie2", _x, 560);
setProperty("/m_tie2", _y, 515);
setProperty("/m_bottle1", _x, 660);
setProperty("/m_bottle1", _y, 520);
stop( );
```

(5) 在图层 5 的第 3 帧处插入空白关键帧，在里面使用"直线工具"画直线标出实验台上两个铁架台和平底瓶的位置，如图 10-39 所示。

(6) 选择 "实验现象" 按钮，输入脚本代码：

```
on (press) {
gotoAndPlay(2);}
```
选择"组装仪器"按钮，输入脚本代码：
```
on (press) {
gotoAndPlay(3);}
```
主场景中时间轴线的编辑情况如图 10-40 所示。

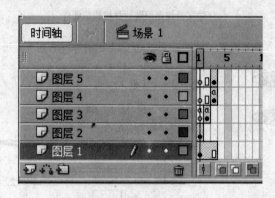

图 10-40　主场景时间轴线

11．测试影片

在界面上使用鼠标点击"实验现象"按钮动画跳到第 2 帧，制作蒸馏水的动画将呈现出来。而点击"组装仪器"按钮则跳到第 3 帧，在这一帧中使用鼠标拖动实验台下方的器具到实验台对应的位置，如果放置错误，器具还会自动返回，只有放置正确了，器具就停留在此处，也就是操作装置正确。

10.5　教学游戏型多媒体课件制作

10.5.1　教学游戏型多媒体课件知识

这种类型的多媒体课件与一般的游戏软件不同，它是基于学科的知识内容，寓教于乐，通过游戏的形式，教会学生掌握学科的知识和能力，并引发学生对学习的兴趣。对于这种类型软件的设计，特别要求趣味性强、游戏规则简单。

它是通过计算机进行的教学游戏，与一般电子游戏软件不同，它具有明确的教学目标，通过游戏的形式，引发学生的学习兴趣，让学生在轻松的游戏中获得学科知识、形成学科技能。这种课件是教学软件与电子游戏软件的有机整合体，具有课件和游戏的双重性质，是计算机教育应用中一个富有潜力的发展方向。

下面介绍利用 Flash 开发的一个赶羊过独木桥的背单词课件。

10.5.2　系统分析

整个课件的游戏过程为，呈现 3 个英文单词的中文意思，如果完全正确地写出英文单词，则一只羊将顺利通过独木桥，如果有一个作答失误，则羊就从独木桥上掉下万丈深渊了。每只羊通过独木桥都会给出评价信息并有掌声鼓励。游戏结束后会给出总共赶过了多少只羊，背熟了多少个单词。为了使游戏课件能灵活更改单词，课件中使用的单词从外部文本文件中提供。

根据上面所述，游戏中需要的动画元件有羊走路或奔跑的动作剪辑动画、掉下深渊的动画。当然还可以设置羊顺利通过独木桥后的胜利喜悦动画。为简化开发过程，就只制作羊走路和掉下深渊的动画影片剪辑。为了交互还需要设置几个按钮和文本输入对象。

课件大部分由 ActionScript 脚本代码来控制流程。在主场景中制作一只羊从独木桥的一端走过另外一端，分 3 段走过独木桥。Flash 动画的播放过程结合脚本代码，表现的控制为，开始时从外部文本文件中读入 3 个单词信息，第一次显示一个单词，当答对时，羊走完第一段，接着第 2 个单词出现，答对时羊走完第 2 段，第 3 个单词出现，答对则顺利通过。这 3 段独木桥路程中，如果出错，在羊所在的位置复制一个掉下深渊的影片剪辑实例并设置在此处播放，独木桥上的羊的 Alpha 值将被设置为透明，程序又跳回从 Flash 影片的开始处播放，不过这时将读取外部文本文件的第二组单词。屏幕上提供结束按钮，当按下结束按钮时结束游戏。

从外部的文本文件中读入单词信息，需要设置文本文件保存数据的格式，这里和前面的几个例子中使用的外部文本文件读入数据的做法相同。在记事本工具中保存英文单词信息的格式如图 10-41 所示。图中显示，文本文件以 "s=" 开始，换行，以 3 个单词为一组，每一组以 "[ ]" 开始。单词以 "#" 开始，英文和中文意思用冒号隔开，最后以分号结束。使用的标点符号一律以中文输入法输入的为主。

图 10-41　外部文本文件保存单词格式

10.5.3　制作过程

1. 准备素材

课件所需的图片有背景图片、羊奔跑的系列动作、羊的眼睛。这些图片可以利用别的软件预先做好。此例中对羊跑动的动作只取两张图片，如图 10-42 所示。

图 10-42　羊的动作和眼睛图片

声音效果素材有羊的叫声、鼓掌声。

文本文件保存为 quiz.txt，和 Flash 文件在一起。

2. 具体实现

在 Flash 中新建一个 Flash 影片文档，舞台大小设置为 800×600 像素，背景色为白色。

从外部目录导入所需要的素材进入库中，如图 10-43 所示。

1) 制作羊开闭眼镜的动画影片剪辑元件

新建一个影片剪辑元件，名称为"元件 1"。在影片剪辑编辑环境的图层 1 第 1 帧中，从库中拖出眼镜图片放在舞台中央，在第 15 帧插入关键帧，将图形分离，使用"铅笔工具"笔触为白色，把眼珠的黑色部分描为白色。并把整个图形向下移动两个像素的单位。

2) 制作羊跑动的影片剪辑元件

新建影片剪辑元件，名称为"元件 2"。在影片剪辑编辑环境的图层 1 第 1 帧中，从库中拖出素材"yang1.png"图像，在第 6 帧插入空白关键帧，把素材"yang2.png"拖出，调整和前一张图像的位置关系。

图 10-43　库中素材

增加图层 2，在第一帧中把库中影片剪辑元件 1 拖出，放置的位置在羊的眼部，在第 6 帧插入关键帧，再调整好羊的眼部位置。

增加图层 3，在第 6 帧处插入空白关键帧，打开"动作"面板，输入脚本代码：gotoAndPlay(1)。

3) 制作羊掉下深渊的影片剪辑元件

新建影片剪辑元件，名称为"元件 3"，在编辑环境中的图层 1 第 1 帧中，把库中的元件 2 拖出，放在舞台中央位置，并把元件 2 垂直翻转让羊脚朝上。在第 20 帧处插入关键帧，使用"任意变形工具"把元件 2 缩小到合适的大小，并垂直向下移动元件 2，距离稍微长些，反映羊掉下深渊的动画。

增加图层 2，选中第 1 帧，在"属性"面板中，设置声音选项为"羊叫声.wav"。在图层 1 的第 21 帧处，插入空白关键帧，打开"动作"面板，输入脚本代码：remove MovieClip("");。

4) 创建 3 个控制按钮元件

依次创建 3 个按钮元件，名称为"元件 4"、"元件 5"、"元件 6"。这 3 个按钮用于控制游戏开始、提交答案、结束游戏，所用的图形如图 10-44 所示。

图 10-44　3 个控制按钮的图形

5) 返回主场景中进行游戏构成

(1) 在图层 1 中从库中加入背景图片"back.png"。并利用"文本工具"创建一个动态文本对象，实例名称为"st"，变量名为"s"。

(2) 增加图层 2，把元件 2 从库中拖出，放在背景图独木桥的左岸处，元件 2 对象的一半露出在舞台之外。取实例名称为"y"。

(3) 增加图层 3，把元件 3 从库中拖出放在舞台外的左下角偏上一点的地方，实例名为"mymc"。

(4) 增加图层 4，利用"文本工具"创建 4 个文本对象，两个为静态文本，一个动态文本，

212

一个输入文本。动态的实例名称为"bq1"，输入文本的实例名称为"answer"，布局如图 10-45 所示。图中左边的白色框为动态文本，用来显示单词的中文意思。右边为输入文本，用于答题者输入英文单词。

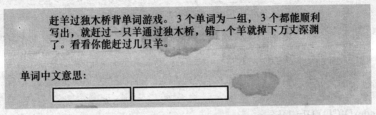

单词中文意思:

图 10-45　4 个文本对象在背景上的布局

(5) 增加图层 5，把开始按钮放在涂层 5 第 1 帧中，位置仅靠输入文本对象的右侧。

(6) 选中图层 5 第 1 帧，打开"动作"面板，输入以下脚本代码:

```
_global.g=function( ){
t1=0;
answer.text="";
_global.sum=_global.sum+1;
if(_global.sum>myarray.length-2){_global,sum=0;}
t1=mystr.indexOf(myarray[_global.sum],t1);
t1=mystr.indexOf("]",t1)+3;
m=mystr.indexOf("[",t1);
n=m-t1;
mysubstr=mystr.substr(t1,n-2);
contentarr= mysubstr.split("#");
mysubstr=contentarr[1];
m=mysubstr.indexOf("：",0);
bq1.text=mysubstr.substr(0,m);
_global.answer=mysubstr.substr(m+1,mysubstr.indexOf("；",0)-m-1);
setProperty(y,_alpha,100);
}
var mystr:String=new String( );
var mysubstr:String=new String( );
var str:String=new String( );
var myarray:Array=new Array( );//保存关名
var contentarr:Array=new Array( );
System.useCodepage=true;
loadVariables("quiz.txt",st.text);
_global.sum=0;
_global.total=0;
_global.wordtotal=0;
_global.answer="";
```

213

```
stop( );
_root.y.stop( );
```

选中"开始"按钮，在"动作"面板中输入以下脚本代码：

```
on (press) {
mystr=st.text;
s1=0;
i=0;
str="";
while(mystr.indexOf("[",s1)!=-1){
  s1=mystr.indexOf("[",s1);
  k=mystr.indexOf("]",s1);
  n=k-s1;
  mysubstr=mystr.substr(s1+1,n-1);
  str=str+mysubstr+"；";
  s1=k+1;
  i=i+1;
}
myarray=str.split("；");
t1=0;
t1=mystr.indexOf(myarray[_global.sum],t1);
t1=mystr.indexOf("]",t1)+3;
m=mystr.indexOf("[",t1);
n=m-t1;
mysubstr=mystr.substr(t1,n-2);
contentarr= mysubstr.split("#");
mysubstr=contentarr[1];
m=mysubstr.indexOf("：",0);
bq1.text=mysubstr.substr(0,m);
_global.answer=mysubstr.substr(m+1,mysubstr.indexOf("；",0)-m-1);
gotoAndPlay(2);
}
```

（7）增加图层 6，把库中的结束按钮放置在图层 6 的第 1 帧中，位置在"开始"按钮之后，选中"结束"按钮，在"动作"面板中输入以下脚本代码：

```
on (press) {
  gotoAndStop(76);
}
```

（8）对图层 1，在第 76 帧处执行插入帧。

（9）对图层 2，在第 2 帧处插入关键帧，在第 7 帧处插入关键帧，把羊移动到独木桥左端上，选择第 2 帧在"属性"面板中，设置补间为"动画"。使用相同的做法，在第 16、26、37、59 帧处，分别插入关键帧，第 16 帧处把羊移动到桥中间，26 帧处移到桥右端，37 帧处

214

移到岸上，59 帧处移出舞台外，从第 16、26、37 帧设置补间动画。

(10) 对图层 3，在第 59 帧处执行插入帧。

(11) 对图层 4，在第 75 帧处执行插入帧。

(12) 对图层 5，在第 2 帧处插入空白关键帧，打开"动作"面板输入脚本代码：_root.y.play( );。在第 7 帧处插入空白关键帧，把提交按钮放在此帧中。位置为输入文本框的右侧。选中第 7 帧在动作面板中输入脚本：

```
stop( );
_root.y.stop( );
_root.mymc.stop( );
```

选中"提交"按钮，在动作面板中输入脚本：

```
on (press) {
if(answer.text===_global.answer){
Play( );
_root.y.play( );
_global.wordtotal+=1;
mysubstr=contentarr[2];
m=mysubstr.indexOf("：",0);
bq1.text=mysubstr.substr(0,m);
_global.answer=mysubstr.substr(m+1,mysubstr.indexOf("；",0)-m-1);
answer.text="";}
else{
 duplicateMovieClip(mymc,"mymc1",999);
 setProperty(mymc1,_x,100);
 setProperty(mymc1,_y,470);
 setProperty(y,_alpha,0);
 gotoAndPlay(62)
}}
```

在第 16 帧插入关键帧，帧脚本代码：

```
stop( );
_root.y.stop( );
```

"提交"按钮的脚本代码修改为：

```
on (press) {
if(answer.text===_global.answer){
Play( );
_root.y.play( );
_global.wordtotal+=1;
mysubstr=contentarr[3];
m=mysubstr.indexOf("：",0);
bq1.text=mysubstr.substr(0,m);
_global.answer=mysubstr.substr(m+1,mysubstr.indexOf("；",0)-m-1);
```

```
    answer.text="";
       }
else{
       duplicateMovieClip(mymc,"mymc1",999);
       setProperty(mymc1,_x,300);
       setProperty(mymc1,_y,470);
       setProperty(y,_alpha,0);
       //_global.sum=_global.sum+1;
       gotoAndPlay(62)
}}
```

在第 26 帧处插入关键帧，帧脚本代码：

```
stop( );
_root.y.stop( );
```

"提交"按钮的脚本代码修改为：

```
on (press) {
if(answer.text===_global.answer){
    _global.total+=1;
    _global.wordtotal+=1;
    Play( );
    _root.y.play( );
    answer.text="";
    }
else{
    duplicateMovieClip(mymc,"mymc1",999);
    setProperty(mymc1,_x,550);
    setProperty(mymc1,_y,470);
    setProperty(y,_alpha,0);
    gotoAndPlay(62)
}}
```

在第 36 帧处插入关键帧，帧脚本代码为：

```
    total.text=_global.total;
```

把这一帧中的"提交"按钮删掉。利用"文本工具"创建 3 个文本对象，两个静态文本，一个动态文本，动态文本的实例名称为"total"。布局如图 10-46 所示。

图 10-46　三个文本对象

216

选中第 36 帧，在"属性"面板中，设置声音选项为"鼓掌声.wav"。

对图层 5 的第 60 帧处插入空白关键帧，帧脚本代码为：

```
_global.g( );
gotoAndPlay(2);
```

在第 61 帧处插入空白关键帧，帧脚本代码为：gotoAndPlay(2)。

在第 62 帧处插入空白关键帧，创建一个静态文本，内容为："死掉了只羊。"

在第 75 帧插入空白关键帧，帧脚本代码为：

```
_global.g( );
gotoAndPlay(2);
```

在第 76 帧插入空白关键帧，帧脚本代码为：

```
w_t.text=_global.wordtotal;
y_t.text=_global.total;
```

并利用文本工具创建七个文本对象，其中两个是动态文本，分别取实例名称为"w_t"和"y_t"。用来显示游戏结束后统计羊的个数和单词个数。在舞台上布局如图 10-47 所示。图中虚框为动态文本，上面的那个实例名为"y_t"，下面的为"w_t"。

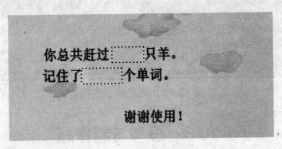

图 10-47　7 个文本对象

(13) 对图层 6，在第 75 帧执行插入帧。整个主场景的时间轴线编辑情况如图 10-48 所示。

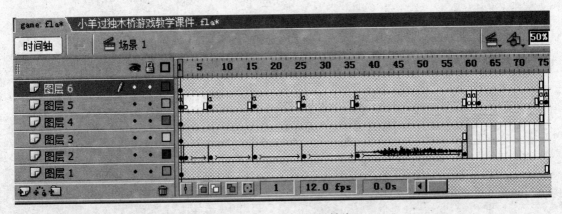

图 10-48　主场景时间轴线

6) 测试影片

效果如图 10-49 所示。

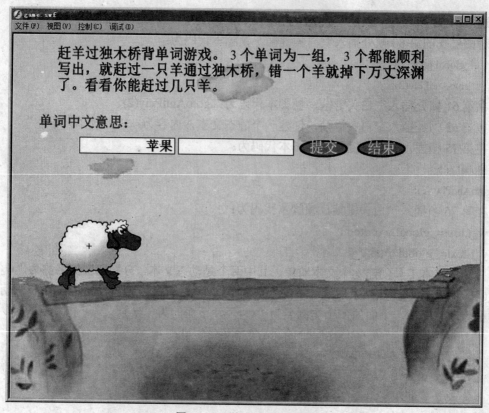

图 10-49　游戏课件的效果

10.6　思考与制作题

(1) 制作一个课堂演示型多媒体课件。
(2) 制作一个游戏型多媒体课件。

第 11 章　影片的发布和导出

本章主要内容:

※　影片的发布
※　影片的导出

在 Flash Professional 8 中开发的多媒体作品,完成之后就可以向网络发布成 SWF 文件和 HTML 文档,发布多媒体作品还需掌握一些必须的操作。每种 Flash 的源文件都保存成 fla 格式的文件,向外部发布的文件都是在 fla 中操作的。了解 Flash Profressional 8 开发环境中的 Flash 影片文档发布功能及相关操作能很好地将多媒体课件或动画作品推广。

11.1　影片的发布

11.1.1　测试

在输出或发布作品前,必须先使用"控制"→"测试影片"或"测试场景"命令测试 SWF 文件的运行情况,以观察是否有不连续的地方。例如,要修改或更新由"发布"命令创建的 SWF 文件,必须编辑原始的 Flash 文档,然后再用"发布"命令保留所有的创作信息。

11.1.2　精简 Flash 文档

在发布作品的过程中,Flash 会自动监测输出的图形是否重复,并在文件中只保存该图形的一个版本,而且还能将嵌套式组合分解为单一组合。

通过以下方式,可以在输出作品前进一步减小文件的容量,从而加快作品的下载速度。

(1) 对于多次出现的元素,应尽量转换为元件。

(2) 尽量使用补间动画技术,因为补间动画的关键帧比逐帧动画要少,所以容量小。

(3) 限制图形中使用特殊线型的数量,尽量使用实线线型,因为实线占用的内存小。用铅笔工具创建的线条比用直线工具创建的线条占用的内存小。

(4) 将在整个过程中都变化的元素与不变化的元素放在不同的层上。

(5) 尽量减少文本的字体和样式数量。

(6) MP3 是容量最小的声音格式文件,输出音频尽量使用 MP3 格式。

(7) 利用颜色对话框,使动画的调色板与浏览器所用的调色板相一致。

(8) 因为位图文件容量较大,应尽量避免使用位图动画,可将位图作为背景或静止元素。

(9) 嵌入的字体将增加文件容量,应该少用。

11.1.3 发布文件

(1) 执行菜单"文件"→"发布设置",打开"发布设置"对话框,如图 11-1 所示。

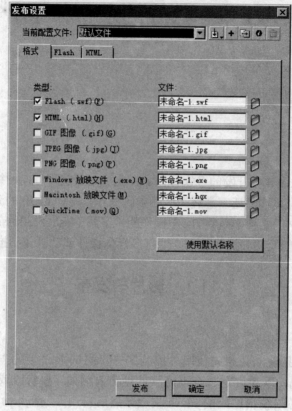

图 11-1 发布设置对话框

(2) 在"发布设置"对话框中,选择要创建的文件格式的选项,与选定文件格式对应的选项卡会出现在该对话框上。默认情况下,Flash SWF 格式和 HTML 格式被选中。

(3) 在每个选定格式的"文件"文本框中,可以接受默认的文件名,也可以输入带有相同扩展名的新文件名。

(4) 默认情况下,这些文件会发布到与 fla 文件相同的位置。要更改文件的发布位置,要单击文件名旁边的文件夹按钮,然后浏览到要发布文件的其他位置。

(5) 单击要更改的文件格式选项卡,指定每种格式的发布设置。

(6) 设置完选项后,单击"发布"按钮,生成所有指定的文件。单击"确定",则在 fla 文件中保存设置并关闭对话框,先不进行发布。待定后选择"文件"→"发布"时,会以"发布设置"对话框中指定的格式和位置创建文件。

11.1.4 指定 Flash SWF 文件格式的发布设置

发布 Flash 影片文档时,可以使用"发布设置"对话框的"Flash"选项卡来更改设置。

(1) 执行菜单"文件"→"发布设置",打开"发布设置"对话框。

(2) 单击"Flash"选项卡,如图 11-2 所示,从"版本"下拉列表框中选择一个播放器版本。注意,高版本文件不能用在低版本的应用程序中。

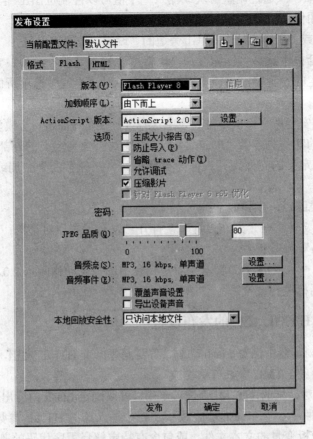

图 11-2　发布设置的"Flash"选项卡

(3) "加载顺序"选项卡用来指定 SWF 文件中第一帧文件各层的加载方式，包括"由下而上"或"由上而下"。此选项控制着 Flash 在速度较慢的网络上先绘制 SWF 文件的哪些部分。

(4) "ActionScript 版本"下拉列表框中的选项可以用来选择文档中使用的动作脚本版本。如果选择动作脚本 2.0 并创建了类，则可以单击"设置"按钮来设置类文件的相对路径。

(5) 如果要对发布的 SWF 文件进行调试操作，可选择以下任意一个选项。

① "生成大小报告"：可生成一个报告，按文件列出最终 Flash 内容中的数量。

② "防止导入"：防止其他人引用 SWF 文件，为此可以设置密码来保护 SWF 文件。

③ "省略 trace 动作"：使来自跟踪动作"trace"的信息不显示在"输出"面板中。

④ "允许调试"：激活调试器并允许远程调试 Flash SWF 文件。

⑤ "压缩影片"：减小文件大小和缩短下载时间。此选项默认情况下处于选中状态。经过压缩的文件只能在 Flash Player 6 及更高版本中播放。

⑥ "针对 Flash Player 6 r65 优化"：如果在"版本"弹出菜单中选择 Flash Player 6，可以选择此选项来将版本指定为 Flash Player 6。更新的版本使用动作脚本寄存器分配来提高性能。使用者必须拥有 Flash Player 6 或更高版本。

(6) 如果在步骤(5)中选择"允许调试"或"防止导入"，则可以在"密码"文本框中输入密码。

(7) "JPEG 品质"：通过调整滑块或输入一个值可以控制位图压缩。图像品质越低，生成的文件就越小；图像品质越高，生成的文件就越大。

(8) "音频流"或"音频事件"：单击旁边的"设置"按钮可以打开"声音设置"对话框。在"声音设置"对话框中选择"压缩"、"比特率"和"品质"选项。完成后单击"确定"按钮。如果要使选定的设置覆盖住在"属性"面板中对"声音"选项所做的设置，还要选择"覆盖声音设置"。

(9) "本地回放安全性"：从下拉列表中选择要使用的 Flash 安全模型。

要使用已定义的动作脚本类，Flash 必须能够找到包含类定义的外部动作脚本 2.0 文件。Flash 在其中搜索类定义的文件夹列表称为类路径。类路径存在于全局或应用程序层和文档层中。

要修改文档层类路径，步骤如下：

(1) 执行菜单"文件"→"发布设置"，打开"发布设置"对话框；

(2) 单击"Flash"选项卡；

(3) 验证是否在"ActionScript 版本"下拉列表中选择了动作脚本 2.0，然后单击"设置"按钮，在弹出的对话框进行设置。

11.1.5 指定创建 HTML 文档的发布设置

如果要在 Web 浏览器中浏览 Flash 动画，需要创建一个 HTML 文档，该文档会由"发布"命令通过模板文档中的 HTML 参数自动生成。

在"发布设置"对话框的"HTML"选项卡中，可以确定 Flash 内容出现在窗口中的位置、背景颜色、SWF 文件大小等。Flash 会在模板文档中插入这些 HTML 参数。模板文档可以是任何一种包含适当模板变量的文本文件，或包含有特定解释程序代码的普通 HTML 文件。用户可以从 Flash 程序内部的多个模板中选择模板来使用。

要为 HTML 文档设置发布选项，操作步骤如下。

(1) 执行菜单"文件"→"发布设置"，打开"发布设置"对话框。

(2) 在"格式"选项卡上，HTML 文件类型默认处于选中状态。在 HTML 文件的"文件"文本框中，选择与文档名称匹配的默认文件名，或者输入唯一的名称。

(3) 单击"HTML"选项卡以显示 HTML 设置，如图 11-3 所示，并从"模板"下拉列表中选择要使用的安装模板(默认选项是"仅限 Flash")。然后，单击"信息"按钮可以显示选定模板的说明。

(4) 如果在步骤(3)中没有选择"Image Map"或"QuickTime"模板，且在"Flash"选项卡中已将"版本"设置为 Flash Player 4 或更高版本，则"Flash 版本检测"是可选的。

(5) "尺寸"下拉列表框可以用来设置 object 和 embed 标记中 width 和 height 属性的值。里面有 3 个选项值。

① "匹配影片"(默认设置)：使用 SWF 文件的大小。

② "像素"：会在宽度和高度字段中输入宽度和高度的像素数量。

③ "百分比"：指定 SWF 文件将占浏览器窗口的百分比。

(6) "回放"选项组是用来控制 SWF 文件的回放和各种功能的，有 4 个选项。

① "开始时暂停"：会使 SWF 文件处于暂停播放状态，直到使用者单击按钮或从快捷菜单中选择"播放"后才开始播放。默认情况下，该选项不选中。

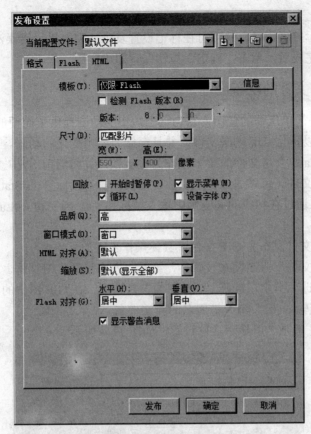

图 11-3 发布设置的"HTML"选项卡

② "循环"：决定是否重复播放 SWF 文件。不选择该选项会使 SWF 文件播放一次后停止。

③ "显示菜单"：决定使用者右键单击 SWF 文件时，是否显示一个快捷菜单。

④ "设备字体"：用于消除锯齿的系统字体替换使用者系统上未安装的字体。使用设备字体可使小号字清晰易辨，并能减少 SWF 文件的大小。

(7) "品质"下拉列表框可以设置 object 和 embed 标记中品质参数的值。

(8) "窗口模式"下拉列表框用来控制 object 和 embed 标记中 HTML wmode 属性。可以利用透明显示、绝对定位及分层功能，该下拉列表框有如下选项：

① "窗口"选项将 wmode 参数值赋给 Windows 参数，Flash 内容的背景不透明，并使用 HTML 背景颜色。HTML 无法呈现在 Flash 内容的上方或下方。

② "不透明无窗口"选项将 wmode 参数设置为不透明，利用该选项可以遮蔽 Flash 内容下面的任何内容，但不影响 Flash 内容下面内容的移动。

③ "透明无窗口"选项将 wmode 参数设置为透明。此选项使 HTML 内容可以显示在 Flash 内容的上方和下方。在选中该选项的情况下，可能会使动画速度变慢。

(9) "HTML 对齐"下拉列表框用来确定 Flash SWF 窗口在浏览器窗口中的位置。

(10) "缩放"下拉列框用来设置 object 和 embed 标记中的 Scale 参数。如果已经改变了文档的原始宽度和高度，选择一种"缩放"选项可将 Flash 内容放到指定的边界内。

(11) "Flash 对齐"选项可设置如何在应用程序窗口内放置 Flash 内容，以及在必要时如何裁减它的边缘。此选项设置 object 和 embed 标记的 Salign 参数。

(12) 选择"显示警告信息"选项可在标记设置发生冲突时显示错误消息。

(13) 以上设置完成后，单击"确定"按钮保存即可应用。

11.1.6　指定 GIF 文件的发布设置

GIF 文件是一种简单压缩的位图，它为输出短小的动画提供了简便的方式，以供在 Web 页中使用。Flash 可以优化 GIF 动画文件，并且存储为逐帧变化的动画。

默认情况下，Flash 会将文件的第 1 帧作为关键帧，并将当前 SWF 文件中的所有帧导出作为一个 GIF 动画文件。可以通过在"属性"面板中输入帧标签"#Static"来标记要导出的其他关键帧，也可以通过在相应的关键帧中输入帧标签"#First"和"#Last"来指定导出帧的范围。

要将 Flash 影片文件发布为 GIF 文件，具体操作步骤如下。

(1) 执行菜单"文件"→"发布设置"，打开"发布设置"对话框。

(2) 在"格式"选项卡中，选择"GIF 图像"复选框。在 GIF 图像的"文件"文本框中，使用默认文件名，或输入带".gif"扩展名的新文件名。

(3) 单击"GIF"选项卡以显示文件设置，如图 11-4 所示。

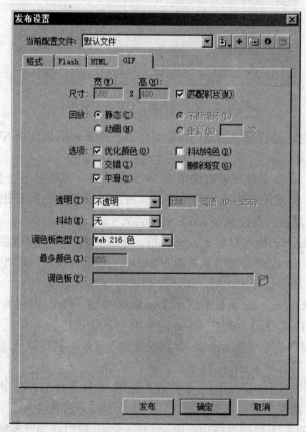

图 11-4　GIF 选项设置

(4) "尺寸"用于指定导出的位图图像的宽度和高度，或者选中"匹配影片"，使 GIF 和 Flash SWF 文件大小相同并保持原始图像的高度比。

224

(5) 选择一种"回放"选项，确定 Flash 创建的是静止("静态"选项)图像还是 GIF 动画("动画"选项)。如果选择"动画"，可选择"不断循环"或输入重复次数。

(6) 选择以下选项之一，指定导出的 GIF 文件的外观设置范围。

① "优化颜色"：将从 GIF 文件的颜色表中删除所有不使用的颜色。此选项会使文件大小减小 1000 字节～1500 字节，而且不影响图像品质，只是稍稍提高了内存要求。该选项不影响最适色彩调色板(最适色彩调色板会分析图像中的颜色，并为选定的 GIF 文件创建一个唯一的颜色表）。

② "交错"：下载导出的 GIF 文件时，会在浏览器中逐步显示该文件。交错使用户在文件完全下载之前就能看到基本的图形内容，并能在较慢的网络连接中以更快的速度下载。建议不要交错 GIF 动画图像。

③ "平滑"：消除导出位图的锯齿，从而生成较高品质的位图图像，并改善文本的显示品质。但是，平滑可能导致彩色背景上已消除锯齿的图像周围出现灰色像素的光晕，并且会增加 GIF 文件的大小。如果出现光晕，或者如果要将透明的 GIF 放置在彩色背景上，则在导出图像时不要使用平滑操作。

④ "抖动纯色"：用于抖动纯色和渐变色。更多信息，请参阅步骤 8 中的"抖动"选项。

⑤ "删除渐变"：用渐变色中的第一种颜色将 SWF 文件中的所有渐变填充转换为纯色，默认情况下处于关闭状态。渐变色会增加 GIF 文件的大小，而且通常品质欠佳。如果使用该选项，请小心选择渐变色的第一种颜色，以免出现意想不到的结果。

(7) 选择以下"透明"选项之一，确定应用程序背景的透明度以及将 Alpha 设置转换为 GIF 的方式。

① "不透明"：会将背景变为纯色。

② "透明"：使背景透明。

③ "Alpha"：设置局部透明度。可以输入一个介于 0 和 255 之间的阈值。值越低，透明度越高。值 128 对应 50%的透明度。

(8) 选择一种抖动选项，指定如何组合可用颜色的像素以模拟当前调色板中不可用的颜色。抖动可以改善颜色品质，但是也会增加文件大小。从以下选项中进行选择。

① "无"：关闭抖动，并用基本颜色表中最接近指定颜色的纯色替代该表中没有的颜色。如果关闭抖动，则产生的文件较小，但颜色不能令人满意。

② "有序"：提供高品质的抖动，同时文件大小的增长幅度也最小。

③ "扩散"：提供最佳品质的抖动，但会增加文件大小并延长处理时间。而且，只有选定"Web 216 色"调色板时才起作用。

(9) 选择以下"调色板类型"之一，定义图像的调色板。

① "Web 216 色"：使用标准的 216 色浏览器安全调色板来创建 GIF 图像，这样会获得较好的图像品质，并且在服务器上的处理速度最快。

② "最适色彩"：会分析图像中的颜色，并为选定的 GIF 文件创建一个唯一的颜色表。此选项对于显示成千上万种颜色的系统而言最佳，它可以创建最精确的图像颜色，但会增加文件大小。要减小用最适色彩调色板创建的 GIF 文件的大小，可使用步骤(10)中的"最多颜色"选项来减少调色板中的颜色数量。

③ "接近 Web 最适色"：与"最适色彩调色板"选项相同，但是将接近的颜色转换为 Web 216 色调色板。生成的调色板已针对图像进行优化，但 Flash 会尽可能使用 Web 216 色调

色板中的颜色。如果在 256 色系统上启用了 Web 216 色调色板，此选项将使图像的颜色更出色。

④ "自定义"：可以指定已针对选定图像优化的调色板。自定义调色板的处理速度与 Web 216 色调色板的处理速度相同。

(10) 如果在步骤(9)选择了"最适色彩"或"接近网页最适色"调色板，可输入"最多颜色"的值来设置 GIF 图像中使用的颜色数量。选择的颜色数量较少，生成文件也较小，但会降低图像的颜色品质。

(11) 单击"确定"保存当前文件的设置。

11.1.7 指定 JPEG 文件的发布设置

利用 JPEG 格式可将图像保存为高压缩比的 24 位位图。通常，GIF 格式对于导出线条绘画效果较好，而 JPEG 格式更适合显示包含连续色调(如照片、渐变色或嵌入位图)的图像。除非输入帧标签#Static 来标记要导出的其他关键帧，否则 Flash 会把 SWF 文件的第一帧导出为 JPEG。

要将 Flash SWF 文件发布为 JPEG 文件，具体操作步骤如下。

(1) 行菜单"文件"→"发布设置"，打开"发布设置"对话框。

(2) 在"格式"选项卡上，选择"JPEG 图像"类型。对于 JPEG 文件名，使用默认文件名，或者输入带".jpg"扩展名的新文件名。

(3) 单击"JPEG"选项卡，显示它的设置，如图 11-5 所示。

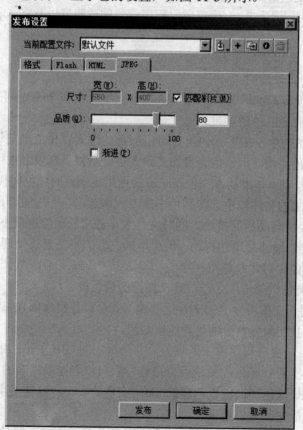

图 11-5　JPEG 选项卡

(4) 对于"尺寸",输入导出的位图图像的宽度和高度值(以像素为单位),或者选择"匹配影片"使 JPEG 图像和舞台大小相同并保持原始图像的高宽比。

(5) 对于"品质",拖动滑块或输入一个值,可控制 JPEG 文件的压缩量。图像品质越低则文件越小,反之亦然。可尝试使用不同的设置,以确定文件大小和图像品质之间的最佳平衡点。

(6) 选择"渐进"可在 Web 浏览器中逐步显示渐进的 JPEG 图像,因此可在低速网络连接上以较快的速度显示加载的图像。

(7) 单击"确定"保存当前文件中的设置。

11.1.8 指定 PNG 文件的发布设置

PNG 是唯一支持透明度(Alpha 通道)的跨平台位图格式。它也是用于 Macromedia Fireworks 的本地文件格式。除非输入帧标签#Static 来标记要导出的其他关键帧,否则 Flash 会把 SWF 文件中的第一帧导出为 PNG 文件。

要将 Flash SWF 文件发布为 PNG 文件的步骤如下。

(1) 执行菜单"文件"→"发布设置",打开"发布设置"对话框。

(2) 在"格式"选项卡中,选择"PNG 图像"复选框。对于 PNG 文件名,使用默认文件名,或者输入带".png"扩展名的新文件名。

(3) 单击"PNG"选项卡,如图 11-6 所示。对于"尺寸",输入导出的位图图像的宽度和高度值(以像素为单位),或者选择"匹配影片"使 PNG 与 Flash SWF 文件大小相同并保持原始图像的高宽比。

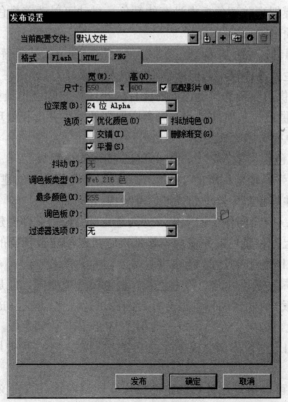

图 11-6　PNG 选项卡

(4) 选择一种位深度，以设置创建图像时要使用的每个像素的位数和颜色数。

① 对于 256 色的图像，选择"8 位"。

② 对于数千种颜色的图像，选择"24 位"。

③ 对于有数千种颜色并带有透明度(32 位）的图像，选择"24 位 Alpha"。

(5) 选择以下选项之一，指定导出的 PNG 的外观设置。

① "优化颜色"：将从 PNG 文件的颜色表中删除所有未使用的颜色。此选项会使文件大小减小 1000 字节～1500 字节，而且不影响图像品质，只是稍稍提高了内存要求。该选项不影响最适色彩调色板。

② "交错"：下载导出的 PNG 文件时，会在浏览器中逐步显示该文件。交错使用户可以在文件完全下载之前就看到基本的图形内容，并能在较慢的网络连接中以更快的速度下载。建议不要交错 PNG 动画文件。

③ "平滑"：消除导出位图的锯齿，从而生成较高品质的位图图像，并改善文本的显示品质。但是，平滑可能导致彩色背景上已消除锯齿的图像周围出现灰色像素的光晕，并且会增加 PNG 文件的大小。如果出现光晕，或者如果要将透明的 PNG 放置在彩色背景上，则在导出图像时不要使用平滑操作。

④ "抖动纯色"：用于抖动纯色和渐变色。

⑤ "删除渐变"：用渐变色中的第一种颜色将应用程序中的所有渐变填充转换为纯色，默认情况下处于关闭状态。渐变色会增加 PNG 文件的大小，而且通常品质欠佳。如果使用该选项，请小心选择渐变色的第一种颜色，以免出现意想不到的结果。

(6) 如果在步骤(4）中将"位深度"选为 8 位，则要选择一个"抖动"选项来指定如何组合可用颜色的像素来模拟当前调色板中没有的颜色。抖动可以改善颜色品质，但是也会增加文件大小。从以下选项中进行选择。

① "无"：关闭抖动，并用基本颜色表中最接近指定颜色的纯色替代该表中没有的颜色。如果关闭抖动，则产生的文件较小，但颜色不能令人满意。

② "有序"：提供高品质的抖动，同时文件大小的增长幅度也最小。

③ "扩散"：提供最佳品质的抖动，但会增加文件大小并延长处理时间。而且，只有选定"Web 216 色"调色板时才起作用。

(7) 选择以下"调色板类型"之一，定义 PNG 图像的调色板。

① "Web 216 色"：使用标准的 216 色浏览器安全调色板来创建 PNG 图像，这样会获得较好的图像品质，并且在服务器上的处理速度最快。

② "最适色彩"：分析图像中的颜色，并为选定的 PNG 文件创建一个唯一的颜色表。该选项对于显示成千上万种颜色的系统而言最佳，它可以创建最精确的图像颜色，但所生成的文件要比用"Web 216 色"创建的 PNG 文件大。

③ "接近 Web 最适色"：与"最适色彩"调色板选项相同，但是将非常接近的颜色转换为 Web 216 色调色板。所生成的调色板会针对图像进行优化，但是 Flash 会尽可能使用 Web 216 色调色板中的颜色。如果 256 色系统上启用了 Web 216 色调色板，该选项会使图像的颜色更为出色。要减小用最适色彩调色板创建的 PNG 文件的大小，可使用"最多颜色"选项减少调色板颜色数量。

④ "自定义"：可以指定已针对选定图像优化的调色板。自定义调色板的处理速度与 Web 216 色调色板的处理速度相同。

(8) 如果在步骤(7)选择了"最适色彩"或"接近网页最适色"调色板，可输入"最多颜色"的值来设置 PNG 图像中使用的颜色数量。选择的颜色数量较少，则生成文件也较小，但会降低图像的颜色品质。

(9) 选择以下过滤器选项之一，选择一种逐行过滤方法使 PNG 文件的压缩性更好，并用特定图像的不同选项进行实验。

① "无"：会关闭过滤功能。

② "下"：选项会传递每个字节和前一像素相应字节的值之间的差。

③ "上"：会传递每个字节和它上面相邻像素的相应字节的值之间的差。

④ "平均"：会使用两个相邻像素(左侧像素和上方像素)的平均值来预测该像素的值。

⑤ "路径"：计算 3 个相邻像素(左侧、上方、左上方)的简单线性函数，然后选择最接近计算值的相邻像素作为颜色的预测值。

⑥ "最适色彩"：分析图像中的颜色，并为选定的 PNG 文件创建一个唯一的颜色表。该选项对于显示成千上万种颜色的系统而言最佳，它可以创建最精确的图像颜色，但所生成的文件要比用"Web 216 色"创建的 PNG 文件大。通过减少最适色彩调色板的颜色数量，可以减小用该调色板创建的 PNG 的大小。

(10) 单击"确定"保存当前文件中的设置。

11.2 影片的导出

用 Flash Professional 8 中的"导出"命令可以创建能够在其他应用程序中进行处理的内容。用"导出影片"命令可以将 Flash 文档导出为动态图像格式或静止图像格式，还可以为文档中的每一帧都创建一个带有编号的图像文件。要将当前帧内容或当前所选图像导出为一种静止图像格式或导出为单帧 Flash Player 应用程序，可以使用"导出图像"命令。

11.2.1 导出 Flash 文档

要准备用于其他应用程序的 Flash 内容，或以特定文件格式导出当前 Flash 文档的内容，可以使用"导出影片"和"导出图像"命令。"导出"命令不会为每个文件单独存储导出设置，"发布"命令也一样。

"导出影片"命令可以将 Flash 文档导出为静止图像格式，而且可以为文档中的每一帧都创建一个带有编号的图像文件。可以使用"导出影片"命令将文档中的声音导出为 WAV 文件(仅限 Windows）。

要将当前帧内容或当前所选图像导出为一种静止图像格式或导出为单帧 Flash Player 应用程序，可以使用"导出图像"命令。

记住以下要点。

(1) 在将 Flash 图像导出为矢量图形文件(Adobe Illustrator 格式)时，可以保留其矢量信息。在其他基于矢量的绘画程序中编辑这些文件，但是不能将这些图像导入大多数的页面布局和文字处理程序中。

(2) Flash 图像保存为位图 GIF、JPEG 或 BMP 文件时，图像会丢失其矢量信息，仅以像素信息保存。可以在图像编辑器(如 Adobe Photoshop)中编辑导出为位图的 Flash 图像，但是

229

不能再在基于矢量的绘画程序中编辑它们。

要导出 Flash 文档为影片或图像，具体操作步骤如下：

(1) 打开要导出的 Flash 文档，或者如果要从文档中导出图像，请在当前文档中选择要导出的帧或图像；

(2) 执行菜单"文件"→"导出影片"或"导出图像"；

(3) 在弹出的对话框中输入输出文件的名称；

(4) 从"保存类型"下拉列表框中选择文件格式；

(5) 单击"保存"。

11.2.2　导出的文件格式

可以用十几种不同的格式导出 Flash 内容和图像。Flash 内容将导出为序列文件，而图像则导出为单个文件。PNG 是唯一支持透明度(Alpha 通道)的跨平台位图格式。某些非位图导出格式不支持 alpha(透明度)效果或遮罩层。

1. Flash 文档(SWF)

可以将整个文档导出为 Flash SWF 文件，以便将 Flash 内容放入其他应用程序中，如编辑网页的软件。导出文档时选择的选项可以与发布文档时使用的选项相同。

2. Adobe Illustrator

Adobe Illustrator 格式是 Flash 和其他绘画应用程序之间进行绘画交换的理想格式。这种格式支持曲线、线条样式和填充信息的精确转换。Flash 支持 Adobe Illustrator 88、3、5、6 和 8 直至 10 格式的导入和导出。Flash 不支持使用"打印"命令生成的 Photoshop EPS 格式或 EPS 文件。

3. GIF 动画、GIF 序列文件和 GIF 图像

使用"GIF 动画"、"GIF 序列"和"GIF 图像"选项，可以导出 GIF 格式的文件。其设置与"发布设置"对话框的"GIF"选项卡中的设置相同，但是以下方面是不同的。

① "分辨率"：是按照每英寸的点数(dpi)为单位设置的。可以输入一个分辨率，也可以单击"匹配屏幕"，使用屏幕分辨率。

② "包含"：让用户选择导出最小影像区域，或指定完整文档大小。

③ "颜色"：使用户可以将可用于创建导出图像的颜色数量设置为以下 3 种情况之一：黑白；4 色、6 色、16 色、32 色、64 色、128 色或 256 色；标准颜色(标准 216 色，对浏览器安全的调色板)。也可以选择使用交错、平滑、透明或抖动纯色。

④ "动画"：仅在使用 GIF 动画导出格式时才可用，它使用户可以输入重复的次数，如果为 0 则无限次重复。

4. 位图(BMP)

Bitmap(BMP)格式允许创建用于其他应用程序中的位图图像。"位图导出选项"对话框中的选项如下。

① "尺寸"：用于设置导出的位图图像的大小(以像素为单位)。Flash 确保指定的大小始终与原始图像保持相同的高宽比。

② "分辨率"：用于设置导出的位图图像的分辨率(以每英寸的点数(dpi)为单位)，并且让 Flash 根据绘画的大小自动计算宽度和高度。要将分辨率设置为与显示器匹配，则选择"匹配屏幕"。

③ "颜色深度"：用于指定图像的位深度。某些 Windows 应用程序不支持较新的 32 位深度的位图图像；如果在使用 32 位格式时出现问题，请使用较早的 24 位格式。

④ "平滑"：会对导出的位图应用消除锯齿效果。消除锯齿可以生成较高品质的位图图像，但是在彩色背景中它可能会在图像周围生成灰色像素的光晕。如果出现光晕，则取消选择此选项。

5. PNG 序列和 PNG 图像

PNG 导出设置选项与 PNG 发布设置选项相似，只是在以下方面有所不同。

① "尺寸"：会将导出的位图图像的大小设置在"宽度"和"高度"字段中输入的像素值。

② "分辨率"：允许输入以 dpi 为单位的分辨率。要使用屏幕分辨率，并且保持原始图像的高宽比，则选择"匹配屏幕"。

③ "颜色"：与"PNG 发布设置"选项卡中的"位深度"选项相同，用于设置创建图像时使用的每个像素的位数。对于具有 256 色的图像，选择 8 位；对于具有数千种颜色的图像，选择 24 位；对于具有数千种颜色并且带有透明度(32 位)的图像，选择 24 位 Alpha。位深度越高，文件就越大。

④ "包含"：让用户选择导出最小影像区域，或指定完整文档大小。

⑤ "过滤器"：选项与"PNG 发布设置"选项卡中的选项相匹配。

当导出 PNG 序列文件或 PNG 图像时，还可以应用"PNG 发布设置"中的其他选项，如"交错"、"平滑"和"抖动纯色"。

6. WAV 音频(Windows)

"导出影片"中的"WAV"选项只将当前文档中的声音文件导出到单个 WAV 文件中。可以指定新文件的声音格式。

选择"声音格式"，确定导出声音的采样频率、比特率以及立体声或单声设置。选择"忽略事件声音"可以从导出的文件中排除事件声音。

7. Windows AVI (Windows)

此格式会将文档导出为 Windows 视频，但是会丢失所有的交互性。AVI 是标准的 Windows 影片格式，它是一种很好的、用于在视频编辑应用程序中打开 Flash 动画的格式。由于 AVI 是基于位图的格式，因此如果包含的动画很长或者分辨率比较高，文档就会非常大。

"导出 Windows AVI"对话框如图 11-7 所示，具有以下选项。

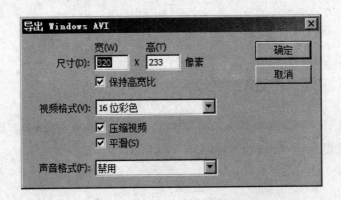

图 11-7 "导出 windows AVI"对话框

① "尺寸"：用于指定 AVI 影片的帧的宽度和高度(以像素为单位)。宽度和高度两者只能指定其一，另一个尺寸会自动设置，这样会保持原始文档的高宽比。取消选择"保持高宽比"就可以同时设置宽度和高度。

② "视频格式"：用于选择颜色深度。某些应用程序还不支持 Windows 32 位图像格式。如果在使用此格式时出现问题，请使用较早的 24 位格式。

③ "压缩视频"：显示一个对话框，用于选择标准 AVI 压缩选项。

④ "平滑"：会对导出的 AVI 影片应用消除锯齿效果。消除锯齿可以生成较高品质的位图图像，但是在彩色背景上它可能会在图像的周围产生灰色像素的光晕。如果出现光晕，则取消选择此选项。

⑤ "声音格式"：使用户可以设置音轨的采样比率和大小，以及是以单声还是以立体声导出声音。采样比率和大小越小，导出的文件就越小，但是这样可能会影响声音品质。

11.3 思考与制作题

(1) 简述发布 Flash 影片和导出 Flash 影片的区别。

(2) 将前面章节中讲到的动画制作例子，练习发布在网络和播放器中播放。

(3) 练习将前面的制作例子做成各种格式的媒体导出。